KB190434

논리퍼즐 투탑
스도쿠 × 로직아트
초급 중급
시간과공간사

스도쿠가 뭐예요?

스도쿠의 유래

스도쿠는 일본어 '스도쿠(數獨)'에서 유래한 말로, '겹치는 숫자가 없어야 한다' 또는 '한 자리 숫자'라는 뜻입니다. 18세기 스위스 수학자 레온하르트 오일러Leonhard Euler가 개발한 '마술 사각형'이라는 게임에서 유래한 것으로, 일본의 한 퍼즐 회사가 1984년에 '스도쿠'라는 브랜드로 개발해서 세계적으로 널리 알려지게 되었습니다.

이 게임을 푸는 방법은 가로와 세로 9칸씩 총 81칸으로 이루어진 정사각형 안에 1에서 9까지의 숫자를 가로와 세로가 겹치지 않게 하나씩 채우는 것입니다. 이때 큰 사각형(81칸) 안의 작은 사각형(9칸)에도 1에서 9까지의 숫자가 겹치지 않아야 합니다. 스도쿠는 단순한 게임 같아도 난이도에 따라 풀기가 결코 쉽지 않은 게임입니다.

스도쿠를 만든 사람은?

스도쿠가 우리에게 처음 알려진 것은 1979년입니다. 이때 미국의 퍼즐 잡지인 〈델지Dell magazine〉에 'Number Place'라는 제목으로 실린 것이 인쇄된 것으로는 처음이었습니다. 이 퍼즐은 하워드 간즈Howard Garns가 창안한 것으로 알려져 있습니다. 이후 이 퍼즐은 일본에 전해져 '숫자는 혼자로 제한된다(数字は独身に限る)'라고 소개되었습니다. 일본의 퍼즐 잡지인 니코리ニコリ의 카지 마키鍜治 真起 회장은 이 긴 이름을 수독(數獨)으로 줄여서 세상에 내놓았고, 이후 전 세계에 스도쿠 열풍이 불어닥쳤지요.

스도쿠의 창안자는 하워드 간즈이지만, 이것을 상품화하여 세계적으로 유행하게 만든 데는 카지 마키의 공이 큽니다. 그래서 그를 '스도쿠의 아버지'라고 부른다고 하지요.

스도쿠 푸는 방법

스도쿠는 가로 3개, 세로 3개의 작은 사각형 9개가 모여 하나의 큰 정사각형 형태를 이루고 있습니다. 스도쿠를 푸는 방법은 아주 간단합니다. 숫자가 없는(빈 사각형) 자리에 숫자를 채워 넣는 것이지요. 따라서 공백이 많은 스도쿠일수록 어려울 수 있습니다. 문제를 푸는 원칙은 다음과 같습니다.

❶ 작은 사각형 안에 1~9까지의 숫자를 채운다.

❷ 가로줄(㉠줄, ㉡줄, ㉢줄…)과 세로줄(㉮줄, ㉯줄, ㉰줄…)에도 1~9까지의 숫자를 채운다.

❸ 각 줄에는 숫자가 겹치지 않게 1~9까지의 숫자가 한 번씩 모두 들어가야 한다.

본 문제를 풀기 전에 쉬운 문제부터 풀어보기로 합시다. 힌트를 주자면, 빈칸이 가장 적은 작은 사각형부터 푸는 것이 좋습니다. 그래서 이 문제에서도 첫 번째 작은 사각형부터 시작하는 것이 좋습니다.

첫 번째 작은 사각형에는 1, 2, 4, 5, 6, 7, 8이라는 숫자가 열려 있습니다. 따라서 A와 B에 들어갈 숫자는 각각 3과 9가 됩니다. 그런데 이 작은 사각형만으로는 어디에 3을 적어야 하는지 알 수 없지요. 이럴 땐 어떻게 하면 좋을까요? 바로 세로줄과 가로줄을 보면 됩니다. 즉, A가 있는 ㉢줄을 보면 되는데, ㉢㉴자리에는 이미 3이 있습니다. A 자리에 3이 들어갈 수 없으니 9를 넣으면 됩니다.

	㉮	㉯	㉰	㉱	㉲	㉳	㉴	㉵	㉶
㉠	4	6	1		9				8
㉡	7	B	8			2	9		4
㉢	A	5	2	4		1	3		
㉣	2	9			6		1		5
㉤				1		3			
㉥	8	1	7		2			4	
㉦			4	7		9	2	5	
㉧	1		9	5		8	7	3	
㉨	3				1				

첫 번째 작은 사각형은 완성되었습니다. 다음은 ㉮줄을 풀어봅시다. ㉮줄의 C와 D에는 5와 6이 필요합니다. 그런데 이미 ㉦㉧자리에 5가 있으니 D 자리에 또 5를 넣을 수 없어 D는 6이라는 결과가 나옵니다.

	㉮	㉯	㉰	㉱	㉲	㉳	㉴	㉵	㉶
㉠	4	6	1		9				8
㉡	7	3	8			2	9		4
㉢	9	5	2	4		1	3		
㉣	2	9			6		1		5
㉤	C			1		3			2
㉥	8	1	7		2			4	
㉦	D		4	7		9	2	5	
㉧	1		9	5		8	7	3	
㉨	3				1				

물론, 문제를 풀다 보면 답이 바로 생각나지 않을 때도 있을 것입니다. 예를 들어, ㉢줄을 풀 때, 빈칸에 들어갈 수는 6, 7, 8이 됩니다. 하지만 오른쪽 첫 번째 작은 사각형 안에 이미 8이 있습니다. 그래서 8이 들어갈 자리는 E가 된다는 것을 알 수 있지만, 6과 7이 들어갈 자리는 쉽게 알 수 없습니다. 이럴 때는 다른 곳을 먼저 풀어보는 것이 좋습니다.

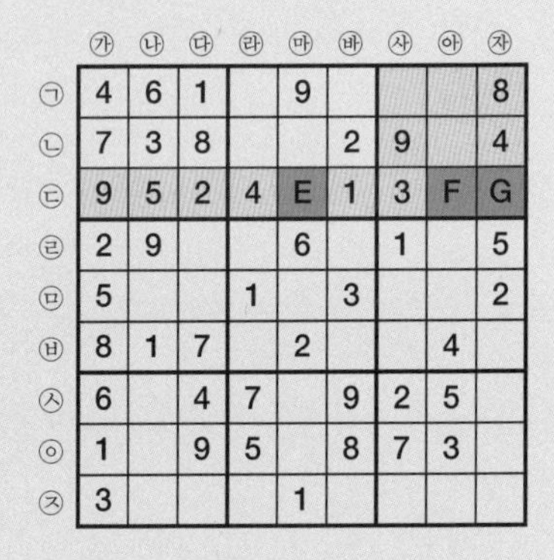

㉧줄을 보면 빈자리에 2, 4, 6이 들어가야 합니다. 그런데 ㉶줄에 4와 2가 있기 때문에 J에는 6이 와야 한다는 것을 알 수 있습니다.

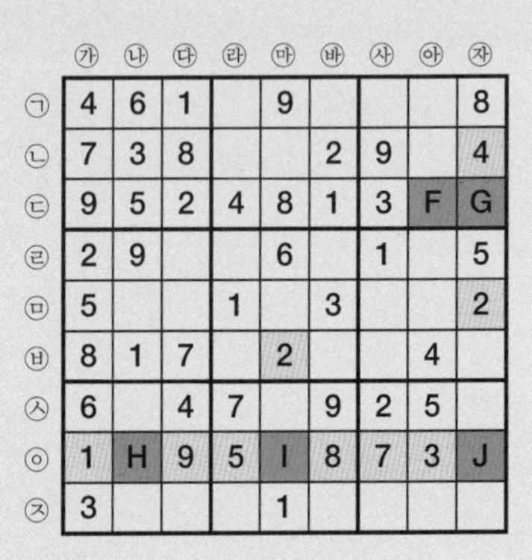

앞에서 풀었던 문제와 달리 다음 문제는 조금 더 어렵습니다. 이럴 때는 가장 많이 열려 있는 숫자를 찾으면 됩니다. 여기에서는 숫자 7과 4가 들어갈 자리를 먼저 찾는 것이 좋습니다.

일단 7이 열리지 않은 작은 사각형을 선택해서 7의 자리를 생각해봅시다. 네 번째 작은 사각형의 A 자리에 7이 들어가게 되는 것을 알 수 있습니다.

	㉮	㉯	㉰	㉱	㉲	㉳	㉴	㉵	㉶
㉠			7			9	5		
㉡		8		4			9		7
㉢			3		5			2	
㉣	A	1		3				6	
㉤	5			8	9				3
㉥		3			7			4	
㉦		7			1		4		
㉧	9		1			4		7	
㉨			4	2			6		

이번에는 4를 찾아봅시다.

4가 열리지 않은 작은 사각형을 선택해서 4의 자리를 생각해보면, 네 번째 작은 사각형의 B 자리와 다섯 번째 작은 사각형의 C 자리에 4가 들어가는 것을 알 수 있습니다. 중요한 것은, 4와 7을 전부 찾으려고 욕심부리지 말고 문제가 잘 풀리지 않으면 다른 곳을 공략해서 다른 답을 먼저 유추하는 것입니다.

	㉮	㉯	㉰	㉱	㉲	㉳	㉴	㉵	㉶
㉠			7			9	5		
㉡		8		4			9		7
㉢			3	7	5			2	
㉣	7	1		3	C			6	
㉤	5	B		8	9		7		3
㉥		3			7			4	
㉦		7			1		4		
㉧	9		1			4		7	
㉨			4	2		7	6		

㉤줄에는 1, 2, 6이 숨어 있습니다. 그런데 ㉵줄을 보면 2와 6이 열려 있죠. 그러니 F에는 1이 와야 합니다. 하지만 아직 D와 E에는 어떤 숫자도 넣을 수 없습니다. 잘 모르겠으면 일단 2와 6을 흐릿하게 적어두십시오. 나중에 이 숫자는 지우면 됩니다.

	㉮	㉯	㉰	㉱	㉲	㉳	㉴	㉵	㉶
㉠			7			9	5		
㉡		8		4			9		7
㉢			3	7	5			2	
㉣	7	1		3	4			6	
㉤	5	4	D	8	9	E	7	F	3
㉥		3			7			4	
㉦		7			1		4		
㉧	9		1			4		7	
㉨			4	2		7	6		

세 번째 작은 사각형 빈자리에는 어떤 숫자가 들어가면 좋을까요? 가로와 세로에 들어갈 숫자를 고려해 적어보면 3, 4, 6, 8이 그림처럼 유추됩니다. 그러면 3의 자리와 8의 답도 알 수 있습니다.

	㉮	㉯	㉰	㉱	㉲	㉳	㉴	㉵	㉶
㉠			7			9	5	3, 8	4, 6, 8
㉡		8		4			9	3	7
㉢			3		5		1	2	4, 6, 8
㉣	7	1		3	4			6	
㉤	5	4	2, 6	8	9	2, 6	7	1	3
㉥		3			7			4	
㉦		7		9	1		4		
㉧	9		1			4		7	
㉨			4	2		7	6	9	1

여기는 숫자가 많이 열려 있습니다. 이럴 때는 가장 많이 보이는 숫자를 공략하고, 가장 많이 채워진 가로와 세로줄을 공략하면 빈칸을 채울 수 있습니다.

	㉮	㉯	㉰	㉱	㉲	㉳	㉴	㉵	㉶
㉠			7		3	9	5	8	4, 6
㉡		8		4			9	3	7
㉢		9	3	7	5		1	2	4, 6
㉣	7	1		3	4			6	
㉤	5	4	2, 6	8	9	2, 6	7	1	3
㉥		3			7			4	
㉦		7		9	1		4		
㉧	9		1			4		7	
㉨			4	2		7	6	9	1

스도쿠를 풀 때는 한 가지 방법으로만 풀지 말고 여러 방법을 시도해보는 것이 좋습니다. 중간에 막힌다고 포기하지 말고 비교적 쉬운 곳부터 풀기 시작하면, 막혔던 곳도 서서히 풀릴 것입니다.

답 1 ▶

4	6	1	3	9	7	5	2	8
7	3	8	6	5	2	9	1	4
9	5	2	4	8	1	3	6	7
2	9	3	8	6	4	1	7	5
5	4	6	1	7	3	8	9	2
8	1	7	9	2	5	6	4	3
6	8	4	7	3	9	2	5	1
1	2	9	5	4	8	7	3	6
3	7	5	2	1	6	4	8	9

답 2 ▶

2	6	7	1	3	9	5	8	4
1	8	5	4	2	6	9	3	7
4	9	3	7	5	8	1	2	6
7	1	2	3	4	5	8	6	9
5	4	6	8	9	2	7	1	3
8	3	9	6	7	1	2	4	5
6	7	8	9	1	3	4	5	2
9	2	1	5	6	4	3	7	8
3	5	4	2	8	7	6	9	1

로직아트 기본 규칙

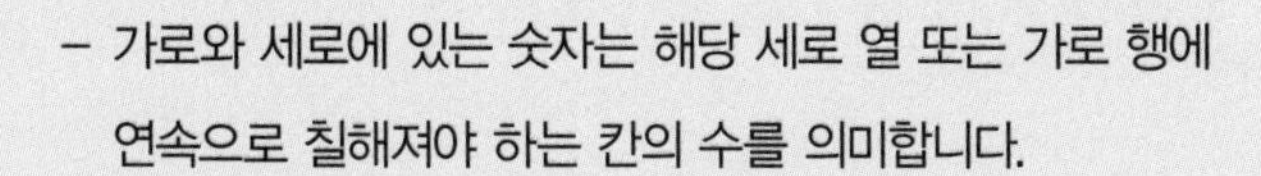

- 가로와 세로에 있는 숫자는 해당 세로 열 또는 가로 행에
  연속으로 칠해져야 하는 칸의 수를 의미합니다.

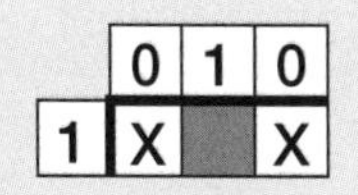

- 숫자가 한 개 이상일 때는 두 숫자만큼 칠한 칸 사이를
  한 칸 이상 띄어야 합니다.

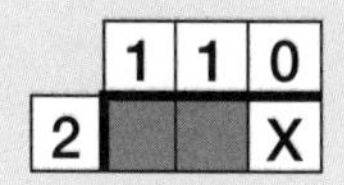

- 숫자의 크기만큼 색칠하고 완성된 숫자에는 / 표시를 합니다.

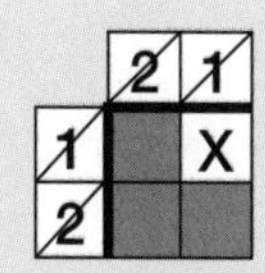

- 칠할 수 없는 칸에는 X 표시를 합니다.

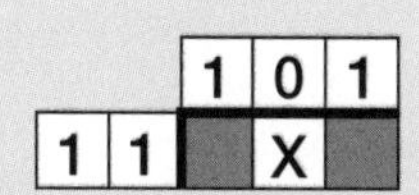

로직아트 쉽게 푸는 꿀팁!

#1 한 가지 경우의 수만 존재할 때

1. 주어진 칸의 수와 색칠해야 하는 칸의 수가 같을 때

주어진 칸이 다섯 칸이고 색칠해야 하는 칸 또한 다섯 칸입니다.
모든 칸을 색칠하는 한 가지 경우의 수만 존재합니다.

2. 색칠해야 하는 칸의 수와 빈칸의 합이 전체 칸의 수와 같을 때

왼쪽부터 세 칸을 칠하고, 한 칸을 띄운 후, 한 칸을 더 칠하면 해당 행이 완성됩니다. (3+1+1=5)

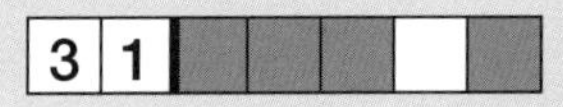

왼쪽부터 두 칸을 칠하고 한 칸을 띄운 후, 두 칸을 더 칠하면, 해당 행이 완성됩니다. (2+1+2=5)

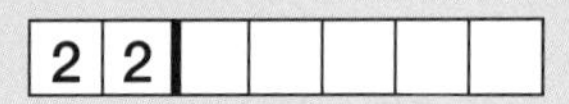

#2 교집합

주어진 다섯 개의 빈칸에 연속해서 세 칸을 색칠할 수 있는 경우의 수는 아래의 A, B, C 세 가지가 있습니다.

이 셋 중에 무엇이 답이 되더라도 각 경우의 교집합에 해당하는 가운데 한 칸을 색칠한다는 것은 확실합니다.
교집합 부분을 먼저 색칠하고 다른 숫자들을 풀어보세요.
색칠된 부분이 다른 칸의 숫자에 힌트를 줄 수도 있습니다.
단, 아직 해당 칸의 문제가 풀린 것은 아니기 때문에 3에 / 표시를 하거나 빈칸에 X 표시를 하지 않습니다.

교집합 부분을 쉽게 찾는 방법!

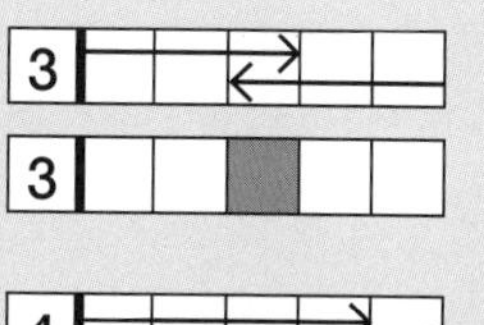

양 끝에서 주어진 숫자만큼 선을 그어보세요.
겹쳐지는 칸이 바로 교집합 부분입니다!

#3 공집합

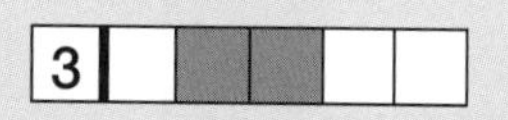

연속으로 세 개의 칸을 칠해야 하는데 이미 두 칸이 칠해져 있습니다.
만약 맨 오른쪽 칸을 칠하게 되면 세 칸이 연속으로 칠해지지 않습니다.
그러므로 해당 칸은 칠할 수 없으니 답은 A, B 둘 중 하나가 됩니다.

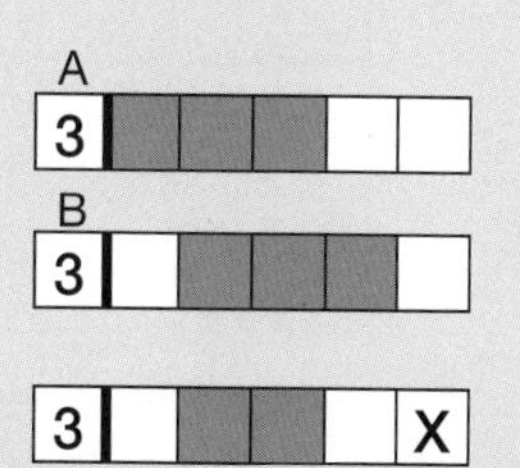

아직 이 둘 중 무엇이 정답인지 알 수 없습니다.
하지만 오른쪽 맨 끝에 있는 칸을 칠하지 않는다는 것은 확실합니다.
이럴 땐 오른쪽 칸에 X 표지를 해두고 문제를 풀어보세요.
이 부분이 다른 칸의 숫자에 힌트를 줄 수도 있습니다.

로직아트 푸는 방법!
한 번만 따라 하면 끝~!

이 예제 퍼즐의 크기는 10x10이고, 난이도는 ★☆☆입니다.

★☆☆

						2			2			
					7	3	8	8	3	7		
			6	8	2	1	1	1	1	2	8	6
		6										
		8										
3	2	3										
3	2	3										
3	2	3										
		10										
		10										
2	4	2										
	2	2										
		6										

1 항상 가장 큰 숫자부터 색칠을 시작하세요.

*p*행과 *q*행은 열 칸을 색칠해야 하는데, 주어진 칸 또한 열 칸입니다.
해당 행의 칸을 모두 색칠하여 완성합니다.
문제를 풀었다는 표시로 *p*행과 *q*행의 10에 / 표시를 합니다.

						2			2				
					7	3	8	8	3	7			
			6	8	2	1	1	1	1	2	8	6	
		6											*k*
		8											*l*
3	2	3											*m*
3	2	3											*n*
3	2	3											*o*
		10	←									→	*p*
		10	←									→	*q*
2	4	2											*r*
	2	2											*s*
		6											*t*
			a	*b*	*c*	*d*	*e*	*f*	*g*	*h*	*i*	*j*	

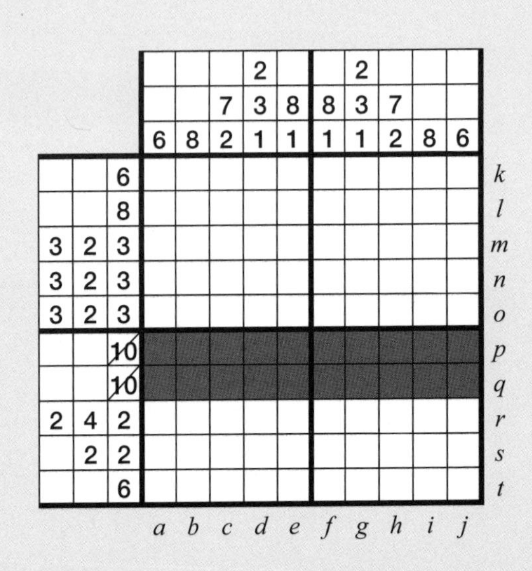

2 *b*열과 *i*열의 8은 여덟 칸을 색칠해야 한다는 뜻입니다.

열 개의 칸이 주어졌을 때 여덟 칸을 연속해서 칠할 수 있는 경우의 교집합 부분에 색칠을 합니다. (로직아트 쉽게 푸는 방법 꿀팁 #2 참고)

*l*행에도 마찬가지로 교집합 부분에 색칠을 합니다.

아직 문제가 풀리지 않았으니 해당 숫자에 / 표시를 하거나 빈칸에 X 표시를 하지 않습니다.

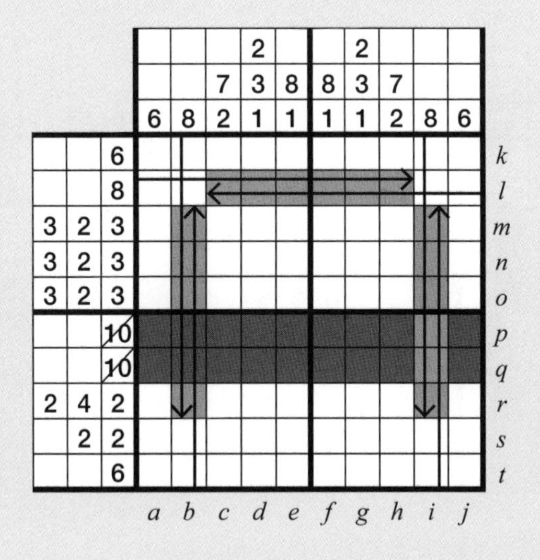

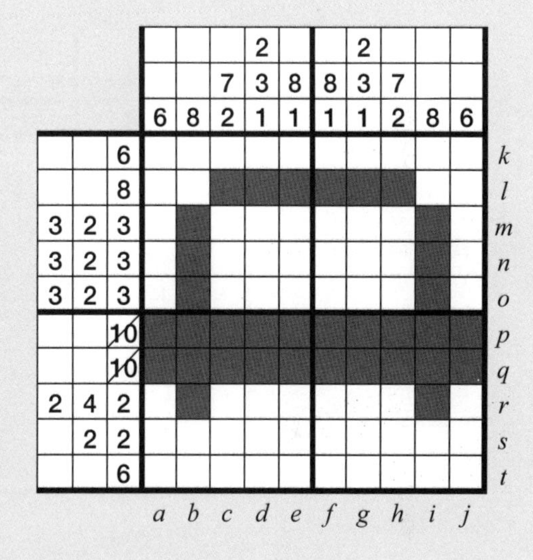

3 c열과 h열은 일곱 칸을 연속해서 칠하고, 한 칸을 띄운 후 두 칸을 더 칠하면 완성되는 한 가지 경우의 수만 존재합니다. (7+1+2=10)

각 열을 숫자만큼 색칠하고 해당 열의 7과 2에 / 표시를 합니다.
해당 열의 빈칸에는 색칠할 수 없다는 의미로 X 표시를 합니다.

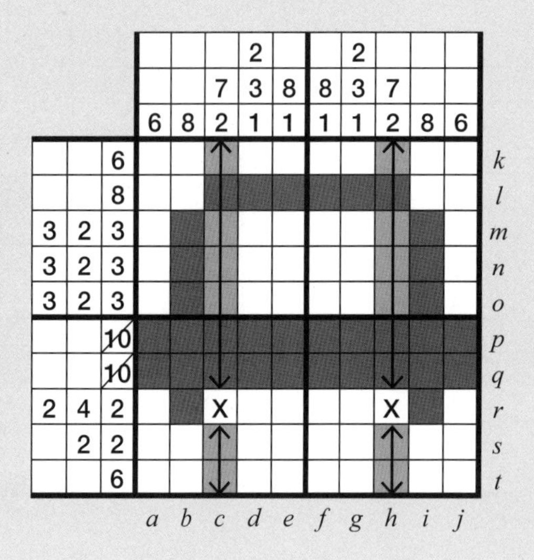

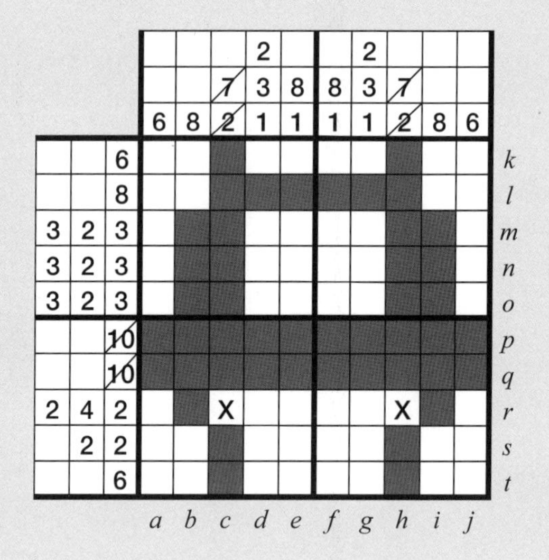

4 *e*열과 *f*열도 여덟 칸을 연속해서 칠하고 한 칸을 띄운 후, 한 칸을 더 칠하면 완성되는 한 가지 경우의 수만이 존재합니다. (8+1+1=10)

각 열을 숫자만큼 색칠하고 해당 열의 8과 1에 / 표시를 합니다.
*e*열과 *f*열에 있는 빈칸에는 X 표시를 합니다.

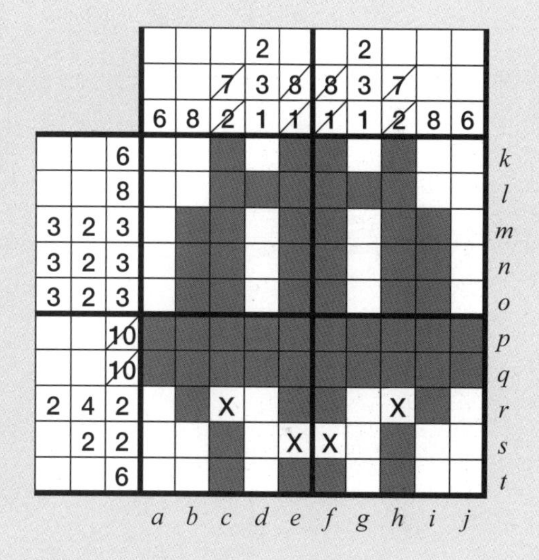

5 *k*와 *t*행은 각각 여섯 칸이 연속해서 칠해져야 하기 때문에 좌우의 양쪽 끝 부분은 색칠할 수 없습니다. 각 행과 *d*, *g*열이 교차하는 부분을 색칠하여 *k*, *t*행을 완성합니다. 각 행의 6에 / 표시를 하고 좌우의 모든 빈칸에는 X 표시를 합니다.

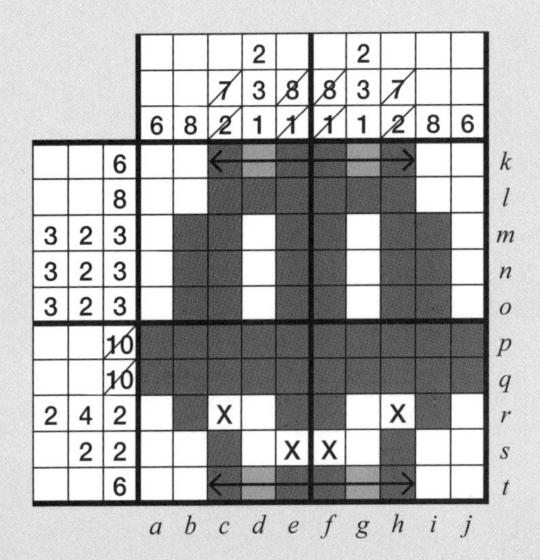

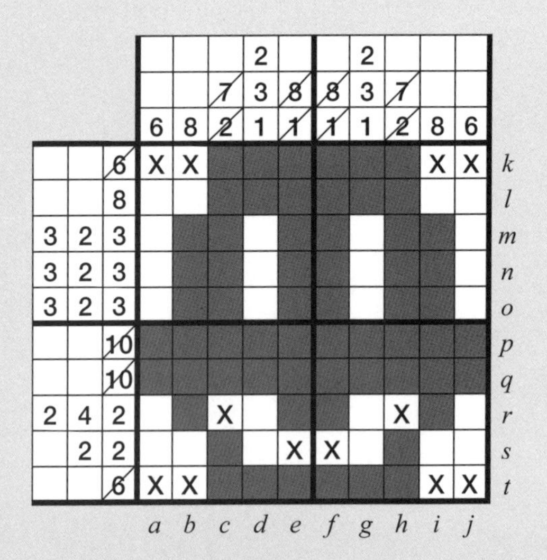

6 *m*, *n*, *o*행은 이미 색칠되어 있는 칸의 양쪽 바깥쪽을 한 칸씩 칠해주면 모두 완성됩니다. 가운데 비어 있는 칸을 칠하게 되면 연속으로 세 칸 이상 칠해지기 때문에 그 부분은 색칠할 수 없습니다. *m*, *n*, *o*행의 각 3, 2, 3에 / 표시를 하고 빈칸에는 X 표시를 합니다.

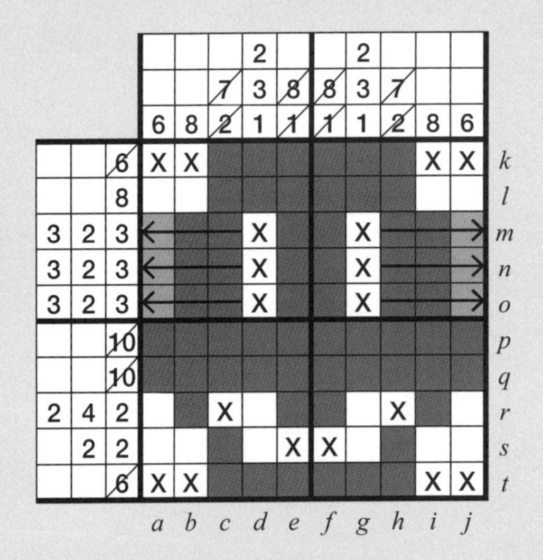

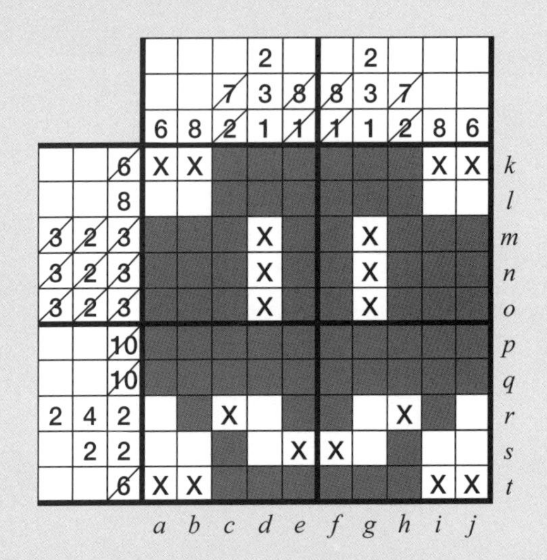

7 *r*행은 X 표시가 된 칸 이외에 남아 있는 빈칸을 모두 색칠해주면 완성됩니다. 해당 빈칸에 색칠하고, 2, 4, 2에 / 표시를 합니다.

*r*행이 완성됨으로써 *a*열과 *j*열도 완성되었습니다. 각 열의 6에 / 표시를 하고, 빈칸에는 X 표시를 합니다.

*d*열과 *g*열 또한 완성되었으니 해당 열의 숫자에 / 표시를 하고, 빈칸에는 X 표시를 합니다.

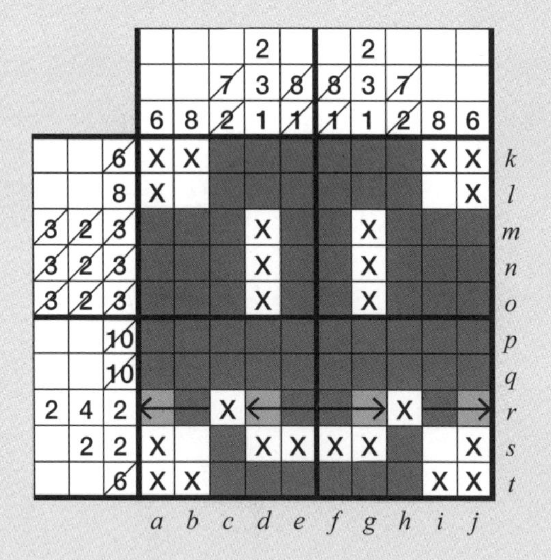

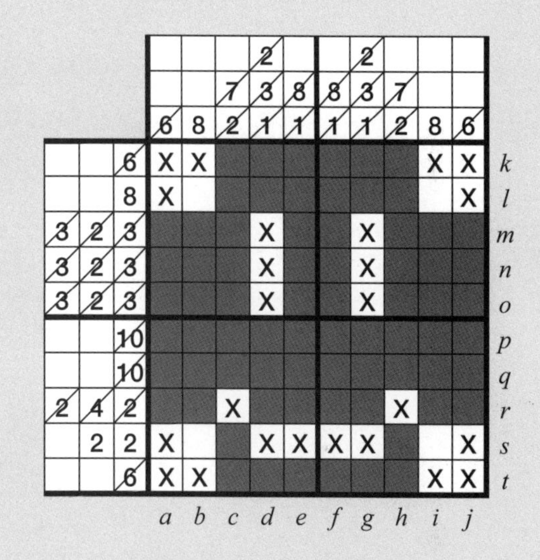

8 *b*열과 *i*열 역시 남은 빈칸을 채워 각 열을 완성합니다.
이로 인해 *l*, *s*행 또한 완성되었습니다. 각 숫자에 / 표시를 합니다.

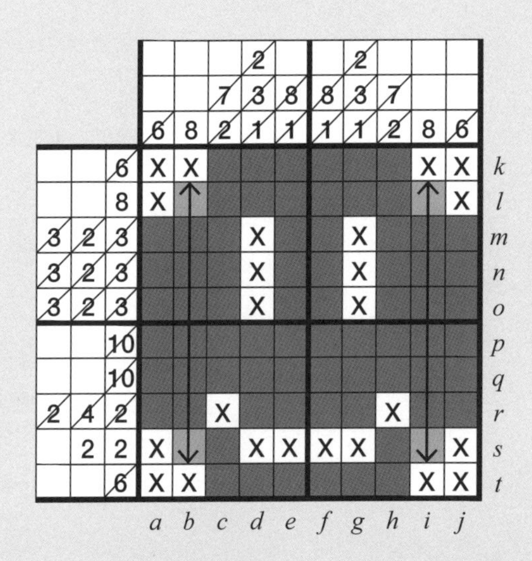

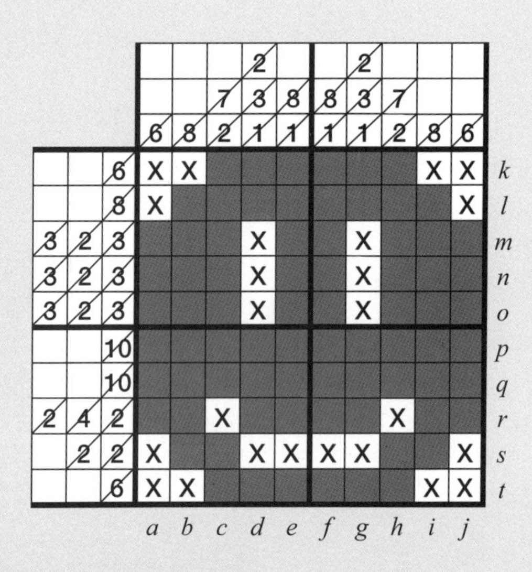

9 모든 숫자와 빈칸에 / 와 X 표시가 되었고 그림도 완성되었습니다!

스마일!

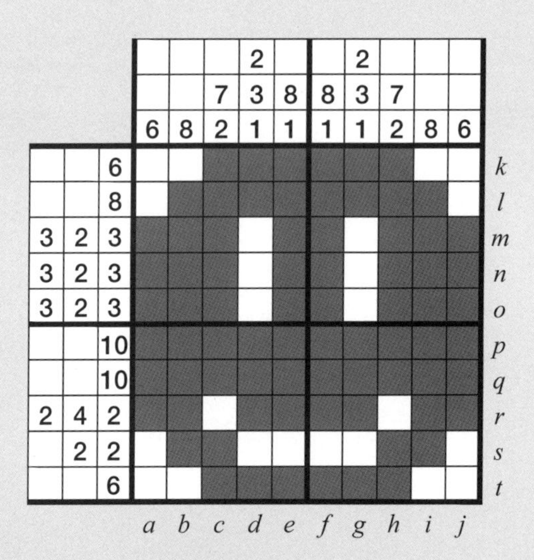

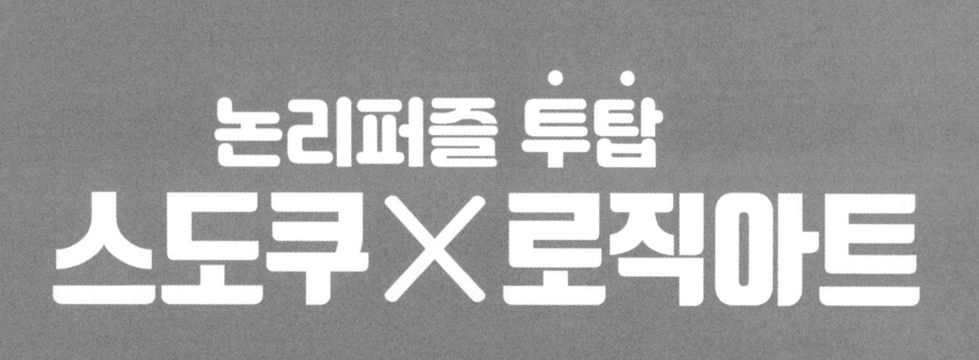
논리퍼즐 투탑
스도쿠 X 로직아트

초급 중급

01

DATE

TIME

	6		2	9	1		5	
		5	8		3	7		
8								1
4	8			1			6	3
			9	3	8			
3	7			4			9	2
6								5
		8	3		9	2		
	2		5	8	6		1	

02

DATE

TIME

4			7	9	8			3
8		7				1		4
	9		4	5	1		7	
		8	9		4	3		
	4						6	
		6	2		5	7		
	6		3	4	2		8	
2		5				4		6
3			5	7	6			2

03

DATE

TIME

5	7		6		1		9	2
9								1
	4		7	2	9		8	
		7		1		2		
	3		5		4		1	
		1		9		7		
	2		9	3	7		5	
7								4
3	1		8		2		6	7

04

DATE

TIME

		2	8	5	9	6		
	1	8	3		2	4	9	
		5				7		
2				9				3
			2	8	4			
1				3				4
		7				1		
	9	1	7		3	8	5	
		6	9	4	1	3		

05

DATE ______ TIME ______

	6	7				9	2	
	3		8	2	7		6	
	8		4		9		1	
3				5				9
			7	1	2			
2				8				1
	2		1		5		3	
	5		2	7	6		9	
	9	6				7	5	

스도쿠

06

DATE

TIME

	7	2	1		3	8	6	
		5	2		6	3		
	1						2	
1		7		8		5		2
	9		3		5		1	
3		6		2		4		8
	2						5	
		9	4		2	6		
	6	1	5		8	2	4	

07

DATE TIME

9		3				5		7
8	5			6			9	2
			5		9			
3		9	2		5	7		1
	2						4	
7		4	6		3	2		9
			1		6			
6	7			8			2	5
4		8				9		6

08

DATE

TIME

	9		5		1		6	
8	5						4	1
1		4		7		9		3
9				1				2
			8	2	9			
7				6				4
5		1		3		6		8
6	7						2	5
	2		7		6		1	

09

DATE

TIME

		1		5		6		
5			9	7	8			3
	7		1		4		9	
1		4		9		7		8
	8	5				9	3	
9		3		8		4		2
	3		7		9		6	
4			6	3	5			9
		9		4		3		

10

색칠된 칸에는 짝수만, 나머지 칸에는 홀수만 들어갈 수 있습니다.

DATE

TIME

6		9				5		8
			4		6			
3		2		9		4		1
	1						8	
		5		7		2		
	2						3	
2		1		4		8		3
			9		2			
7		4				6		9

11

DATE

TIME

	4			5			7	
7			9		2			6
2	8			7			1	3
		3	2		5	9		
	2	5		1		3	8	
		4	3		6	7		
4	6			9			2	8
5			1		8			7
	3			2			9	

12

DATE

TIME

8	2						4	5
		5				7		
			4	5	1			
	5		2		4		3	
3	6						8	7
	9		3		6		1	
			1	3	9			
		6				2		
9	4						7	8

13

DATE

TIME

6	4						1	9
		7		9		2		
	8		4		6		5	
			2	4	8			
	3						2	
			7	1	3			
	6		1		2		8	
		8		5		1		
5	9						7	2

스도쿠

14

DATE ______ TIME ______

1			2	8	9			4
9	3						8	2
		1		5		4		
	2	5	1		8	3	6	
		3		6		1		
3	4						7	6
6			7	4	3			9

스도쿠

15

DATE

TIME

	4		3		5		9	
1		6				2		8
3								7
	8		9		1		6	
		1	2		6	8		
	3		7		4		1	
5								4
2		4				9		6
	6		8		7		2	

16

DATE

TIME

	4		6			2		
	1		4			6	7	
6				3		4		1
			8		2	9		
3		1				7		2
		8	3		7			
4		2		9				7
	3	6			4		9	
		7			6		2	

17

DATE

TIME

	7		3		2		8	
5			7		9			1
	8						5	
3				1				2
8		7				4		6
1				7				8
	1						7	
7			9		1			4
	4		5		7		2	

18

DATE TIME

	7					9		3
2		6	9		7		8	1
1						5	6	
					1			
	4		2		6		5	
			3					
	2	3						6
6	8		7		4	2		5
4		1					7	

19

DATE TIME

	8		1		4		5	
		3	5		9	6		
5		9				3		8
			4	7	8			
8								6
			2	5	6			
4		2				5		7
		8	9		5	1		
	9		7		2		3	

20

색칠된 칸에 홀수(또는 짝수)가 이미 들어가 있으면, 나머지 색칠된 칸에도 홀수(또는 짝수)가 들어가야 합니다.

DATE

TIME

1			9	3	4			7
8		3		5		1		4
9			5		7			1
2		7		4		9		3
4			1		3			6
6		5		1		7		8
7			3	8	5			9

21

DATE TIME

7			4					8
		6	7				5	
1	9			2	6		3	
		7	8	5				
	6						1	
				6	1	4		
	7		9	4			8	6
	5				2	1		
6					5			9

스도쿠

22

DATE

TIME

4			3					
3	2			1				8
	8				6			3
6		3		2	1			
1	7			3			2	6
			9	6		3		5
5			6				9	
8				9			5	1
					5			4

23

DATE

TIME

7		5	6		1	2		9
		3				4		
	2						7	
5			8		4			2
	1		9		2		6	
9			7		6			4
	5						9	
		6				7		
4		8	5		3	1		6

24

DATE TIME

				5		2	6	9
5						1	4	
	9		6				5	
		3		4	1		9	
	5			9			2	
	8		2	3		6		
	4				3		1	
	3	6						4
8	1	9		6				

25

DATE

TIME

		9	6		4	2		
				7				
4			9		2			8
3		7				9		1
8		1		5		6		2
9		5				7		4
1			2		5			7
				9				
		8	1		7	5		

26

DATE

TIME

8		1		7	5	4		
			1					
6		9	8		4	1		
1		8					6	
5								4
	3					8		9
		2	9		1	3		7
					2			
		3	4	6		2		1

27

DATE

TIME

		8				1		
3				1				8
	9		7		8		4	
		6	2		7	5		
1			9	5	3			4
		2	4		1	8		
	1		5		4		8	
5				9				3
		9				4		

28

DATE

TIME

				3				
5	1	2	9					
	7			4	2	9		8
	8		4		9			2
		5				6		
6			2		1		7	
4		8	3	1			6	
					7	5	9	4
				9				

29

DATE

TIME

								3
7	4	1	6	5				
		9				4	7	
		7	1				2	9
6	8				4	3		
	3	6				5		
				7	8	1	4	6
8								

30

큰 사각형을 가로지르는 양쪽 대각선에도 1부터 9까지의 숫자가 한 번씩 들어가야 합니다.

DATE   TIME

	1			9		5		
			4		3	9		1
3		8	6		5	4		
				5				
5		3				7		6
				6				
		5	2		9	1		3
2		9	8		1			
		7		3			4	

31

DATE TIME

6								1
		7	8		4	6		
8		1		3		9		5
	2		4		9		6	
		5				1		
	9		5		1		2	
7		4		2		3		6
		9	1		3	8		
5								9

32

DATE

TIME

	8				6			1
1	3		4	8		9		
			3				2	
	2	4		9				3
	7						6	
3				2		5	8	
	4				8			
		2		3	9		7	4
5			1				3	

33

DATE

TIME

6	8		5		4		3	9
9								5
			2	9	8			
2		5				1		6
		9		6		3		
3		4				5		7
			8	5	7			
1								2
5	3		1		9		4	8

34

DATE TIME

8			5					
6			3	9			5	
		7					2	6
3					4	5		
	2			7			9	
		5	9					4
9	7					6		
	4			5	8			2
					9			7

35

DATE TIME

3			9				6	
		2		7		5		
	4							7
		9		3	4	8		1
6				8				5
8		1	5	9		3		
9							8	
		7		2		6		
	6				8			9

36

DATE

TIME

	2		5			7		9
9						1		
					7			4
2	4			3				
8	3		7		1		6	5
				4			7	2
7			8					
		3						1
6		5			3		8	

37

DATE

TIME

1					4	2	8	
2			9	3				6
	7				2		4	
		5	2					
		4		7		6		
					8	5		
	5		8				3	
3				5	9			8
	2	9	7					5

스도쿠

38

DATE

TIME

3	4	2		7		6		
		8				7	9	
					8			3
	6	5	4					2
2								7
4					7	5	3	
8			7					
	5	4				8		
		7		1		3	6	4

스도쿠

39

DATE TIME

1			3					4
		2	6	8		5		
					7			
		9		4			5	6
	8						3	
5	1			9		8		
			9					
		8		7	6	1		
4					1			2

40

색칠된 4개의 사각형에도 1부터 9까지의 숫자가 한 번씩 들어가야 합니다.

DATE TIME

	8		1		2	4	5	
2	4			5		6		
				4				3
7	1		8		5			
5				1				2
			7		6		9	5
9				6				
		4		3			2	1
	7	5	2		1		6	

41

DATE TIME

4		3				9		2
	6			3			1	
7			9					8
				6		5		
	9						7	
		6		9				
5					8			4
	7			4			3	
1		9				6		5

42

DATE TIME

	8						6	
3				8		7		1
9		5	2			8		
		3			9			
	4						2	
			8			5		
		8			1	4		5
1		6		9				8
	2						9	

43

DATE

TIME

5							3	
				8	6	9		7
			9	4			2	
		7					9	
	2	8		1		5	4	
	3					8		
	8			3	9			
4		6	8	7				
	9							5

44

DATE TIME

9					6			8
			2	7		4		
			5				3	
	6	5		2				9
	3						1	
2				3		8	7	
	2				1			
		7		6	9			
3			8					5

45

DATE

TIME

6	9	2	4			8		
3			9					
7						1		5
9	1		2					
				7				
					5		2	3
5		6						8
					6			1
		3			8	9	4	6

스도쿠

46

DATE

TIME

2				1	4			
			8			1	7	
		9	5				4	
	1	7						2
5				7				3
8						5	6	
	5				7	3		
	9	6			5			
			3	6				4

스도쿠

47

DATE

TIME

	1	5		8		9		
8			2					
4		6	3					7
	9	7						
3								8
						6	2	
2					6	5		3
					7			9
		3		5		4	1	

48

DATE TIME

			8					
		7		6		8		
	4		5		3		7	
6		9			4	7		
	1			2			5	
		3	7			4		8
	5		2		9		1	
		2		7		9		
					1			

49

DATE TIME

	1					5		
9		2		1				
	8				7	4		6
				4		7		
	6		2		5		8	
		3		6				
5		8	4				3	
				5		1		2
		6					4	

50

색칠된 9개의 칸에도
1부터 9까지의 숫자가
한 번씩 들어가야
합니다.

DATE

TIME

4		8			1		9	6
		1	4			8		
5					7	1		
	4			7				1
			6	9	8			
9				2			8	
		7	9					8
		4			3	6		
6	8		5			4		7

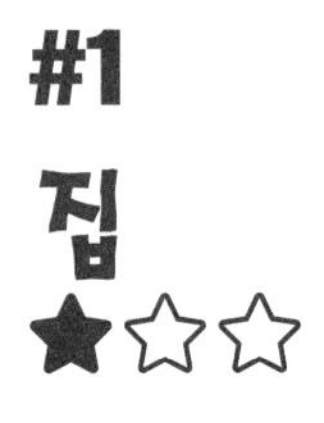
#1
집

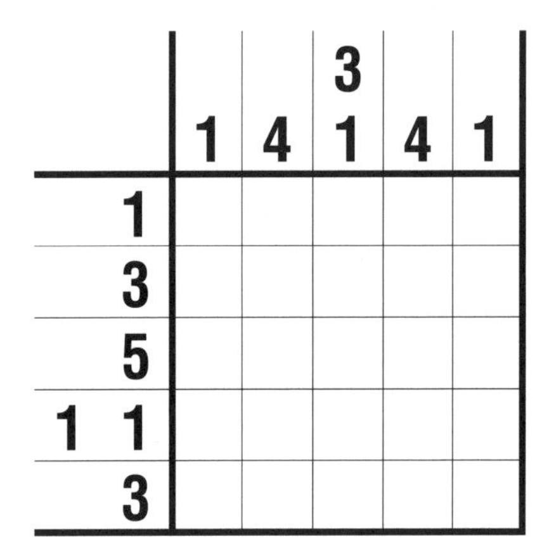
3
1 4 1 4 1
1
3
5
1 1
3

#2

바람개비

★☆☆

		1		2	
	1	2	1	1	1
1					
2 1					
1					
1 2					
1					

#3

꽃

★☆☆

				2	1		
				2	1		
			3	2	1	2	3
			1	1	3	7	1
		3					
	2	2					
1	1	1					
	2	2					
		3					
		1					
	1	1					
		3					
		2					
		5					

#4

금붕어

★☆☆

	1 2	4	1 1 3	7	9	10	2 5 1	1 3	5	3 3
1 3										
3										
1 3 1										
5 2										
1 7										
9										
10										
6 2										
3 1										
3										

#5
스케이트

		3				1		2		
	3	1	4	3	4	4	1	2		
	2	1	1	2	5	1	5	1	2	4
2 4										
2 2 1										
7										
6										
1 1 3										
3 3 1										
1 4										
1 2										
2 1										
5										

#6

우산

★☆☆

				4	5					
	3	3	5	2	1	10	4	5	3	3
1										
6										
8										
10										
10										
1 1 2 1 1										
1										
1										
1 1										
3										

#7

수도꼭지

★☆☆

					1	1		1	1	
				1	1	2	4	2	1	
		4	2	2	1	1	1	1	1	5
	1	1	3	1	1	1	1	1	1	1
5										
1										
3 1										
8										
2 1										
1 6										
1 1 1										
3										
1										
10										

#8

음표

★☆☆

								1	1	
	3	3	9	1	1	1	2	3	3	9
5										
1 4										
1 1										
1 1										
1 1										
1 1										
3 1										
3 3										
3 3										
3										

#9

병아리

★☆☆

	1	7	1 2	1 1 1	1 2	4 1 1	1 1 2	3 1	1 2	4
3										
1 1										
1 1 1										
2 1										
1 5										
1 1 1										
1 3 1										
2 2										
7										
1 1										

#10

트럼펫

★☆☆

		1	4	2	1	2	1	2	1	2	3	1			
	3	3	2	1	5	1	5	1	5	1	2	3	3	5	9
1															
1															
2															
1 1 1 1 1 3															
4 1 1 6															
1 9 3															
2 1 1 1 2 2															
1 1 1 1 1 1															
2 1 1 1 2 1															
9															

#11

공원

★☆☆

	4	2 3	4 5	10	1 4	4 4	1	1 2	1	4	4	1	1 2	1	4
4															
4 1															
1 4															
6															
2 3															
4															
2 1 6 1															
2 1 2 1															
2 3 2 3															
2 1 1 2 1 1															

#12

이층버스

★☆☆

	13	1 3 4	1 3 1 2	1 3 3	1 10	1 10	1 3 3	1 3 1 2	1 3 4	13
8										
1 1										
1 1										
1 1										
10										
10										
10										
1 2 1										
1 2 1										
1 2 1										
1 2 1										
10										
2 4 2										
10										
2 2										

#13

초승달

★☆☆

	11	8 4	5 3 3	5 4 4	3 1 5	2 1 4	2 3	1 3	3	3
5										
6										
5										
4										
4										
3										
2 1										
6										
4										
1 2										
2 1 1										
6 2										
10										
8										
5										

#14

병아리

★☆☆

									8	8				
							2	4	2	2	2			
					5		2	2	1	1	6	4	2	
2	3	5	5	5	1	8	5	6	1	1	2	6	4	1

		3
		5
	4	3
		7
		5
		3
		5
	1	8
3	3	3
6	3	2
	10	2
	7	2
		10
	2	3
		6

#15

강아지

★☆☆

Column clues (left to right):

3
3
1 2 1
12
9
1 4 1
7
4
4 1
6
4 1
9
1
1
2

Row clues (top to bottom):

0
2
3
2 2 1
5 2
5 2
9
9
9
9
1 1 1 1
1 1 2 1
1 2 1
2 2
0

#16

하마

★☆☆

Column	1	2	3	4	5	6	7	8	9	10	11	12	13	14	15
Clue	6	4 2	2 1 1	2 1 1	2 1 1	1 1 6	2 7	2 2 2	2 1 2	2 2 2	5 2	1 2	2 2	1 7	6

Row	Clue
1	2 2
2	7
3	2 2
4	1 1 1 2
5	1 1
6	2 1
7	1 2 1
8	1 6
9	1 1 1 2 2
10	1 2 2
11	2 2 2
12	6 2
13	2 2 2
14	10
15	4 4

#17

재봉틀

★☆☆

Column clues (left to right, top to bottom):

Col	Clues
1	3
2	5 2 1
3	2 4 1 1
4	5 3 1
5	2 4 2
6	2 4 1
7	2 4 1
8	3 4 2
9	3 1 2 1
10	1 2 3 1 1
11	2 7 1 1
12	9 1 2
13	1 5 1
14	4 1 2 1
15	3 1

Row clues (top to bottom):

Row	Clues
1	1 1
2	3 5 1
3	1 6 3
4	1 9 1
5	3 3 1
6	3 2
7	1 2
8	1 4
9	11
10	1 5 4 1
11	2 6 3
12	1 12
13	1
14	1 4 4
15	3 5

#18

클로버

★☆☆

	2 3	8	8	8	6	4 2	3 3 3	5 5	9	10	6 4	6 5	6 7	4 7	2 2
3 2															
8															
8															
3 8															
5 7															
6 5															
6 3															
10 2															
15															
5 1 6															
3 1 4															
2 5															
1 4															
2 2															
1															

#19

카메라

★☆☆

Column clues (left to right):

Column	Clue
1	9
2	10
3	9
4	11
5	1 3 3
6	1 2 3 2
7	3 1 1 1
8	1 1 1 1
9	1 1 1 1
10	5 2 3 2
11	1 2 3 3
12	1 12
13	1 12
14	1 2 9
15	5 9

Row clues (top to bottom):

Row	Clue
1	6
2	1 1
3	1 1
4	6
5	4 6
6	1 1 1 2
7	15
8	6 6
9	5 3 5
10	4 1 1 4
11	4 1 1 4
12	4 1 1 4
13	5 3 5
14	6 6
15	15

#20

딸기

★☆☆

	6	8 1	4 3 3	1 2 3 5	2 9 1	2 2 2 3	4 9	4 2 1 1	5 6	5 1 1	6 3	7 1	3 6	1 3	1
1															
5 3															
6 2															
2 6															
3 6															
2 1 5															
6 5															
1 4 4															
4 3 4															
3 5 2															
7 3 1															
2 2 3 2															
7 3															
1 2 4															
7															

#21

꿀벌

★☆☆

Column clues (left to right, top to bottom):

Col	Clue
1	1 5
2	4 2
3	1 2 1
4	1 1 1 1
5	3 3 2 3
6	1 2 1 1
7	1 2 2 2 1
8	13
9	2 6
10	2 3 2
11	1 10
12	1 3 3 2
13	1 10
14	2 8 2
15	3 4

Row clues (top to bottom, left to right):

Row	Clue
1	3 5
2	1 2 2
3	2 2 1
4	3 3
5	2 2 2 4
6	1 1 1 5
7	14
8	2 5 3
9	1 2 1 3
10	1 1 1 2 5
11	1 1 1 7
12	2 7
13	7 1 2
14	1 1 2 1
15	2 2 1

#22

페인트

★☆☆

	5	5	5	5	5	5	5 6	5 8	5 1 6	5 1	5 1	5 1	5 1	1 1	6
13															
13															
15															
13 1															
13 1															
1															
1															
8															
1															
3															
3															
3															
3															
3															
3															

#23

다람쥐

★☆☆

	4 2	2 2 2	3 1 1 1 2	1 1 1 2	2 2 1 3	1 3 2	4 1 4 2	1 3 1 2 1	1 2 1 1	2 1 1 1	2 2 1	2 3 3	2 2 2	6 2	2
3															
2 1 1															
1 1 1 2															
2 1 2 2															
2 1 2 2															
1 1 5 2															
1 1 2 1															
5 1 1															
1 2 1 1															
5 1															
2 2															
4 1															
5 3 1															
7 4															
10															

#24

빨래

★★☆

Column	Clues
1	1 1 1
2	1 13 1
3	16 1
4	1 13 1
5	1 5 1 1
6	1 13 2
7	16 1
8	1 13 1
9	1 1 1
10	2 1 1
11	1 4 1 1
12	1 1 6 1 1
13	4 1 1 1
14	1 2 1 2 2
15	1 1 1 1 1
16	1 1 1 1 1
17	1 2 1 1 1
18	4 1 1 1
19	1 1 6 1 1
20	1 4 1 1

Row	Clues
1	1 1 1
2	9 1 1
3	1 1 11
4	7 1 1
5	7 4 4
6	7 1 4 1
7	7 1 1
8	7 2 2
9	3 3 1 1
10	3 3 1 1
11	3 3 1 1
12	3 3 1 1
13	4 3 8
14	7
15	3 9
16	3 3 7
17	0
18	7
19	9
20	6

#25

판다

★★☆

Column clues (left to right):

0
3
15
6 3
5 2
4 4 1
2 5 2 1
1 2 2 2 1
1 4 2 1 1
1 3 1 1
1 3 1 1
1 4 2 1 1
1 2 2 2 1
2 5 2 1
4 4 1
5 2
6 3
15
3
0

Row clues (top to bottom):

3 3
5 5
18
6 6
4 4
2 2
1 4 4 1
1 4 4 1
1 2 1 1 2 1
1 4 4 1
1 2 2 1
1 4 1
1 4 1
1 2 1
2 1 1 2
1 2 2 1
2 6 2
3 3
6
0

#26

케이크

★★☆

Column clues (left to right, top to bottom):

1	2	3	4	5	6	7	8	9	10	11	12	13	14	15	16	17	18	19
3	9	5 1 1	2 7 1 1	1 1 3 1 1	2 6 1 1	3 1 1	4 1 1	2 8 1 1	1 1 5 1 1	2 8 1 1	4 1 1	3 1 1	2 6 1 1	1 1 3 1 1	2 7 1 1	5 1 1	9	3

Row clues (top to bottom):

Row	Clue
1	1 1 1
2	1 1 1 1 1 1
3	1 1 1 1 1 1
4	1 1 1
5	1 1 1 1 1 1
6	1 1 1 1 1 1
7	1 1 1 1 1 1
8	17
9	19
10	19
11	4 5 4
12	2 3 2
13	1 1
14	17
15	1 1
16	17

로직아트

로직아트

#27

주사기

★★☆

Column clues (left to right, top to bottom):

Column	Clue
1	10
2	3 2 5 1
3	2 3 5 1
4	2 1 2 2 1
5	2 1 2 2 1
6	2 3 2 1 1
7	3 2 2 1 1
8	1 10
9	3
10	1 1
11	1
12	12 1
13	1 1 5
14	4 1 1 1
15	1 1 1 1 1 5
16	12 1
17	1
18	1
19	5
20	3 1

Row clues (top to bottom):

Row	Clue
1	1
2	1 1
3	3 1
4	1 5
5	4 1 1
6	6 1 1
7	1 1 1 2
8	6 1 1
9	1 1 1 2
10	2 2 1 1
11	2 2 1 2
12	1 1 1 1
13	8 5
14	8 1 1
15	3 1 9 1
16	5 1 1 1 2
17	8 1 1 2
18	1 1 1 1 1
19	1 1 5 1
20	8 2

#28

편지

★★☆

			1	1									1	1			
		3	2	2	1	1	1	1	1	1	1	1	2	2	3		
	2	2	2	2	3	2	2	2	2	2	2	3	2	2	2	2	
12	3	1	1	1	1	1	1	1	1	1	1	1	1	1	1	3	12

				18
			3	3
	1	2	2	1
	1	2	2	1
	1	2	2	1
	1	2	2	1
	1	4	4	1
1	2	4	2	1
1	2	2	2	1
			3	3
			2	2
				18

#29

볼링

★★☆

로직아트

Column clues (left to right):

1	2	3	4	5	6	7	8	9	10	11	12	13	14	15	16	17	18	19	20
6	4 3 2	2 6 2	1 3 1	1 3 1	1 3 1	2 4 6 1	4 3 3	10	9 2	11 1	3 7 2	3 9	14	3 2 7	3 1 5	12	10	8	4

Row clues (top to bottom):

Row	Clue
1	5
2	2 2
3	1 1
4	1 1
5	1 1
6	1 1
7	5 6
8	5 8
9	5 10
10	1 4 1 3
11	2 6 2 3
12	1 14
13	2 1 6 4
14	1 1 7 4
15	1 1 12
16	1 13
17	1 2 9
18	2 3 6
19	2 1 8
20	4 4

#30

지구

★★☆

Column clues (left to right, top to bottom):

1. 7
2. 7 3
3. 2 2 1 2
4. 2 2 3 1 2
5. 1 1 5 2
6. 3 7 1
7. 3 9 2
8. 6 7 1
9. 5 1 2 3 1
10. 4 1 2 1
11. 3 2 2 1
12. 3 4 2 1
13. 7 1 1
14. 7 1
15. 7 2
16. 5 1 2
17. 2 1 2 3
18. 2 6
19. 2 6
20. 7

Row clues (top to bottom, left to right):

1. 6
2. 10
3. 13
4. 2 5 5
5. 2 2 7
6. 1 1 6 2
7. 1 1 6 2
8. 2 2 1 1 2 1 1
9. 4 2 1
10. 3 3 2
11. 2 6 3
12. 1 7 5
13. 1 6 4
14. 2 5 2
15. 1 8 2
16. 2 6 2
17. 2 2 1
18. 2 2
19. 3 2
20. 9

#31

말

★★☆

Column clues (left to right, top to bottom):

1 3 / 1 2 1 / 2 2 / 5 / 2 4 / 3 6 / 3 8 / 4 10 / 14 / 8 7 1 / 7 9 / 4 1 6 1 / 3 4 / 3 2 / 7 / 4 1

Row clues (top to bottom):

1
4
6
8
2 2 4
1 2 5
9
10
12
1 6 2
1 5 4
1 6 4
7 2
6 3
5 2
3 2
4
3
1 1
1 1
1 1

#32

앵두

★★☆

Column clues (left to right):

Column	Clues
1	5
2	6 3
3	2 2 5
4	2 3 2 2
5	3 2 1 1
6	5 8 1
7	4 4 7
8	3 3 7
9	1 2 6
10	4 4
11	2
12	4 4
13	1 3 6
14	2 3 1 4
15	4 3 3 2
16	7 9
17	3 4 7
18	2 4 7
19	7 6
20	5 4

Row clues (top to bottom):

Row	Clues
1	4
2	11 2
3	3 4 9
4	2 1 3 1 1 6
5	6 2 2 2 1
6	5 2 1 6
7	2 1 1 5
8	2 1 5
9	1 1 4
10	1 2 2
11	2 1
12	1 2
13	1 1
14	6 7
15	2 5 2 6
16	2 5 2 6
17	2 5 3 5
18	2 5 3 5
19	2 3 7
20	5 5

#33

화물선

★★☆

세로 열 (왼쪽부터)

1. 7
2. 2 2 1
3. 5 1
4. 4 1
5. 5
6. 1 1 1 1
7. 1 1 1 1
8. 5 1
9. 6 1 3
10. 3 5 1 3
11. 12 1 1 1
12. 1 8 1 1
13. 2 6 1
14. 2 1 3 2
15. 1 1 1 2
16. 1 1 1 1 2
17. 4 2 1 3 2
18. 4 2 2 1 1
19. 1 1 1 6
20. 7 5
21. 1 1 2 1 2 2
22. 5 2 2 1
23. 1 6 1 2
24. 2 5 1 1
25. 1 1 7

가로 행 (위에서부터)

1. 2 1 2
2. 2 1 2
3. 3 2 1 1 1
4. 2 2 5 1
5. 3 2 3
6. 3 3 1 2
7. 1 1 1 2 1 2
8. 3 3 1
9. 4 1 3
10. 4 1 2
11. 3 1 1
12. 3 1
13. 3 1
14. 4 3 3 2
15. 5 1 8 2
16. 1 12 6 2
17. 5 1 5 5 1
18. 3 9 3 2
19. 1 2 2 4 5 1
20. 3 16 3

#34

사자

★★☆

로직아트

Column	Clues
1	3 2 2 2
2	13 3
3	3 8 5
4	4 4 4 6
5	6 8
6	6 1 3 3 2
7	7 1 1 3 3
8	12 3 5
9	7 1 1 2 6
10	6 1 9
11	6 9
12	4 4 8 1
13	3 13 2
14	18 2
15	20
16	1 2 3 10
17	9
18	8
19	2 8
20	4 8
21	6 6
22	4 2 4
23	5 2 1
24	4 3
25	5

Row	Clues
1	9
2	13
3	14
4	16
5	2 7 2 1
6	2 9 3 1
7	3 3 5 3
8	4 1 1 1 4 5
9	4 1 5 6
10	2 3 4 6
11	3 1 4 5
12	4 3 4 2
13	5 7 3
14	16 3
15	17 1
16	1 2 12 1
17	3 13 1
18	4 15
19	4 15
20	4 5 8
21	4 6 10
22	4 4 9

#35

거북이

★★☆

세로 (columns, left to right, top to bottom):

2 / 4 / 1 2 / 4 / 3 / 3 / 2 3 / 4 2 / 2 2 3 1 / 1 3 4 / 5 2 4 / 2 2 1 4 / 2 1 1 1 2 / 2 1 2 1 1 / 4 3 1 / 2 1 1 1 1 / 2 1 1 1 2 / 2 3 1 2 / 1 2 3 3 / 2 2 2 3 / 1 4 3 / 2 2 1 2 1 / 3 1 1 / 4 1 / 1 1 / 3

가로 (rows, top to bottom):

6
10
4 1 3
2 1 3 1 2
1 3 4 2
2 3 1 5
3 4 2 2 2 2
2 3 3 3 1 1 1 1
7 3 1 5 1
8 7 2
6 3
14
4 5
4 4

#36

망치

★★☆

Column clues (left to right, top to bottom):

1	2	3	4	5	6	7	8	9	10	11	12	13	14	15	16	17	18	19	20	21	22	23	24	25	26	27	28	29	30
2 14	1 13	1 13	1 13	1 13	1 13	1 13	1 12	11 1	9 1	8 2	1 6 3	2 2 2 4	3 2 5	1 2 2 5	1 3 7	1 3 6	2 3 6	2 3 7	3 3 7	3 3 7	4 3 6	5 3 5	7 3 4	8 3 3	9 2 1	11 2	12 2 1	13 1 2	15 3

Row clues (top to bottom):

Row	Clue
1	8 16
2	1 13
3	3 11
4	9 4 9
5	11 4 8
6	12 4 7
7	13 4 7
8	13 4 6
9	12 3 5
10	12 3 4
11	13 3 4
12	11 2 3 3
13	10 2 2 2
14	9 2 3 1 1
15	8 7 3
16	7 10 2
17	1 12 2
18	15 1
19	15 2
20	18 3

#37

코끼리

Column	1	2	3	4	5	6	7	8	9	10	11	12	13	14	15	16	17	18	19	20	21	22	23	24	25
Clues	2	4	3	3	6	2 5	5 2	1 2 2	1 5 5	1 5 5	1 3 6	1 7	12	10	11	12	13	12	11	11	6 2	1 1	1	1	1

Row clues:

- 4 3
- 2 1 7
- 2 3 2 9
- 2 1 1 3 9
- 2 3 3 9
- 5 4 10
- 4 3 10 3
- 4 11
- 16
- 13
- 12
- 5 6
- 5 2 3

#38

고슴도치

★★☆

Column clues (left to right, top to bottom):

Column	Clues
1	1 1 1 1 1 1
2	1 13 1
3	1 9 6 2
4	9 8
5	9 9
6	9 8
7	5 4 8
8	4 6 1 4 2
9	6 3 4 3
10	3 3 3
11	3 3 4
12	1 2 3 3
13	3 2 3 4
14	5 4 1 2
15	2 1 2 2 1
16	1 1 2 6
17	1 2 2
18	3 2 2
19	6 3
20	3 2

Row clues (top to bottom):

Row	Clues
1	1 1 1 2
2	11
3	1 7 3
4	1 7 1 3
5	7 7
6	4 1 2 3
7	1 4 2 1
8	5 1 1
9	8 2
10	9 3
11	4 2 3
12	4 2 2
13	2 1 1
14	2 2 1
15	2 2 6
16	4 3 6
17	4 6 1 2
18	7 3 1
19	7 2 1
20	8 1
21	7 1
22	10 2
23	5 4
24	4 4
25	4 4

#39

토성

★★☆

Column clues (left to right, top to bottom):

1. 10 5 1
2. 9 2
3. 10 2
4. 4 7 2
5. 3 5 4
6. 4 11 1
7. 1 6 3 1
8. 3 1 2
9. 1 3 1 2
10. 5 1 3
11. 4 1 3
12. 4 1 1 2 1 2
13. 4 2 1 1 1 2
14. 4 2 2 2 1 2
15. 4 2 2 2 2
16. 3 1 2 2 1 3
17. 2 1 2 2 3
18. 2 3 2 2 4
19. 1 5 2 5
20. 1 4 2 7
21. 2 9 1
22. 9
23. 7 3 1
24. 7 4
25. 1 10 5

Row clues (top to bottom):

1. 7 12 1
2. 6 9
3. 7 8
4. 4 10 4
5. 3 4 6 1
6. 4 3 1 3 1
7. 7 2 1 2 2
8. 7 2 2 2 3
9. 6 2 2 4
10. 1 4 2 2 5
11. 3 1 2 6
12. 1 2 1 2 7
13. 3 1 3 2 5
14. 2 3 2 2 4 1
15. 1 3 2 3 3
16. 1 5 2 5 1
17. 2 2 8
18. 2 6 3
19. 13 2
20. 1 16 3

#40

사슴

★★★

Column clues (left to right, top to bottom):

1. 2
2. 4
3. 2 2
4. 10
5. 2 9
6. 1 11 1
7. 1 1 4 6 2
8. 2 16
9. 1 3 1 1
10. 10 2
11. 1 2 11
12. 7
13. 3 1 6 1
14. 1 5 6 2
15. 10 7
16. 1 1 2
17. 6 3
18. 2 6 1
19. 12 1
20. 7

Row clues (top to bottom):

1. 4
2. 3 1
3. 3 1
4. 1 3
5. 6
6. 6
7. 4 5
8. 10 1 2
9. 5 1 8
10. 9 2 1 1
11. 3 8 1 1
12. 6 1 2 1 1
13. 3 7 2
14. 8 5
15. 2 2 3 3
16. 2 2 3 3
17. 2 2 2 2
18. 1 1 3 3
19. 1 1 2 2
20. 1 1 2 2
21. 1 1 1 1
22. 1 1 1 1
23. 2 2 1 1
24. 2 2 2 1
25. 2 2

#41

옷걸이

★★★

Column clues (left to right, top to bottom):

Col	1	2	3	4	5	6	7	8	9	10	11	12	13	14	15	16	17	18	19	20	21	22	23	24	25
Clue	1	2	3	4	2 1	2 1	2 1	2 1	2 1	2 1	3 2 1	2 2 4 1	1 6 1	2 4 1	2 2 1	2 1	2 1	2 1	2 1	2 1	2 1	4	3	2	1

Row clues (top to bottom):

Row	Clue
1	3
2	2 2
3	1 1
4	2
5	2
6	1
7	3
8	3
9	9
10	13
11	3 3
12	3 3
13	3 3
14	3 3
15	25

#42

포도

★★★

Column clues (left to right):

1. 4
2. 1 2 2
3. 1 5 1 5
4. 1 2 3 2 2
5. 1 1 1 3 2 1 1
6. 1 1 1 2 4
7. 1 2 2 4 2 2
8. 10 1 2 2 1
9. 2 2 2 2 1 1 1
10. 4 1 5 1 2 2
11. 6 1 2 3 2 3
12. 7 1 4
13. 8 2 1 2
14. 10 1 2
15. 7 4
16. 6
17. 6
18. 4
19. 3
20. 1

Row clues (top to bottom):

1. 7 5
2. 1 8
3. 11
4. 12
5. 1 11
6. 5 9
7. 2 4 6
8. 1 1 2 1 2
9. 1 1 1
10. 2 3 2
11. 6 5
12. 2 2 1 2 2
13. 1 1 1 1 1 1
14. 1 1 3 1
15. 2 7 2
16. 4 2 4
17. 2 1 1 2
18. 1 1 1 1
19. 1 1 2
20. 2 5
21. 4 1
22. 1 1 1
23. 1 1
24. 2 2
25. 4

#43

가위

★★★

Column clues (top to bottom, left to right):

1. 4
2. 6
3. 3 3
4. 2 2
5. 2 2
6. 3 3
7. 6
8. 4 4
9. 6 4
10. 3 3 3
11. 2 2 1 4
12. 2 3 2 2 3
13. 3 4 1 1 1 6
14. 6 1 2 2 7
15. 4 5 8
16. 4 7
17. 4 3
18. 4
19. 5
20. 4
21. 4
22. 4
23. 4
24. 3
25. 2

Row clues (left to right, top to bottom):

1. 4
2. 6
3. 3 3
4. 2 2
5. 2 2
6. 3 3
7. 6
8. 4 4
9. 7 3
10. 3 4 1
11. 2 3 4
12. 2 6 6
13. 3 2 3 1 8
14. 6 3 10
15. 4 14
16. 7
17. 4 3
18. 4
19. 5
20. 4
21. 4
22. 4
23. 4
24. 3
25. 2

#44

풍차

★★★

Column clues (left to right, top to bottom):

Col	Clue
1	2 1
2	6 2 1
3	8 3 1
4	4 3 2 1
5	3 3 2 1
6	3 4 2 1
7	3 4 4 3 1
8	2 3 7 7
9	3 3 3 4 9
10	2 3 3 9 1
11	3 3 3 4 1
12	2 5 2 3 1
13	3 3 3 1 1 1
14	11 6 3 5
15	11 12 5
16	8 1 11 3 5
17	5 2 12 1 1 1
18	2 6 9 3 1
19	2 6 10 1
20	2 5 3 3 7 1
21	2 5 3 3 7 1
22	7 3 3 8
23	4 3 2 6
24	3 2 5
25	3 2 6
26	3 3 1 1
27	7 6
28	4 4 1
29	8 1
30	1 1

Row clues (top to bottom):

Row	Clue
1	5
2	7
3	2 3
4	3 2
5	3 2
6	2 2 3
7	5 3 2
8	8 3 3
9	3 6 2 2
10	2 7 3
11	2 5 3
12	3 3 3
13	6 6
14	9 2 4
15	10 5
16	10 2 5
17	6 5
18	2 3 5
19	3 4 4
20	3 5 3
21	3 6 2
22	3 8 2
23	2 9 2
24	2 6 7
25	3 6 5
26	2 7
27	12
28	5 2
29	2 2
30	2 2
31	1 2 2
32	2 3 3 2 1
33	2 1 1 1 1 3 1
34	3 3 3 3 3 1
35	4 3 3 5
36	7 3 5 3
37	5 3 4 3
38	3 3 4 3
39	2 3 4 1
40	30

#45

백조

★★★

Column clues (left to right, top to bottom):

1. 9 9
2. 1 10 9
3. 13 9
4. 7 6 5 2
5. 5 5 4 1
6. 3 5 1 5
7. 2 4 1 4
8. 3 2 1 2
9. 6 2 1 2 1
10. 10 1 6
11. 8 1 5
12. 6 1 5
13. 1 3 1 4
14. 1 4 1 1 1 4
15. 7 1 1 3 1 2
16. 8 3 1 1 4
17. 6 4 4 2 1
18. 1 3 5 2 1 4
19. 10 7 1
20. 12 2 6

Row clues (top to bottom, left to right):

1. 1 1
2. 2 2 1
3. 4 4 2
4. 11 4 1
5. 11 4 1
6. 4 4 4 2
7. 4 1 11
8. 3 3 11
9. 3 3 11
10. 4 2 2 2
11. 6 2 3
12. 6 1 4
13. 5 7
14. 5 5
15. 5 6
16. 9
17. 5 6
18. 5 2 4
19. 6 1 3 1
20. 6 2 4
21. 4 2 3 2
22. 3 3 11
23. 3 3 5 5
24. 4 1 7 1 1
25. 5 12

#46

체조

★★★

Column	Clues
1	3 2
2	5 2
3	3 3 2
4	3 2 2
5	4 2 2
6	7 2 2
7	7 2 4 2
8	8 10 2
9	6 1 10 11
10	6 16 1
11	5 24 1
12	3 1 3 4 1 1 1
13	1 2 3 3 1 3
14	1 3 6 2
15	2 3 4 2
16	1 3 2
17	2 2 2
18	1 2 2
19	1 2 2
20	2 2 2
21	4 2
22	4 2
23	5 2
24	4 2
25	4 2
26	3 2
27	3 2
28	4 2
29	4 2
30	4 2

Row	Clues
1	4
2	4 1
3	5 2
4	5 3
5	6 8
6	6 10
7	6 12
8	6 3 5
9	7 3 5
10	3 8 5
11	2 1 2 4
12	3 2 3
13	10 3
14	12
15	6
16	5
17	4
18	5
19	5
20	6
21	7
22	7
23	6
24	2 2
25	3 2
26	1 1 2
27	1 4
28	1 1
29	1 1
30	1 1
31	1 1
32	1 1
33	1 3
34	9 18
35	30

#47

북극곰

★★★

Column clues (left to right):

Column	Clue
1	7
2	9 7
3	3 2 7
4	1 1 1 7
5	3 2 7
6	1 2 7
7	2 3 7
8	2 1 7
9	2 2 8
10	2 3 1 6
11	1 4 2 5
12	1 6 4
13	1 3 1 4
14	1 1 4
15	1 2 4
16	1 3 3
17	2 7 1 3
18	1 3 2 3
19	1 6 1 3
20	1 2 1 3
21	1 2 1 3
22	1 1 2 3
23	1 3 2
24	1 1 1 2
25	1 4 2
26	1 4 1
27	2 5 1
28	2 4 1 1
29	3 4 1 1
30	6 1

Row clues (top to bottom):

Row	Clue
1	8
2	2 11
3	2 2
4	2 2
5	3 1
6	3 2
7	1 1 1
8	2 1
9	1 1
10	1 1 1 2 1
11	1 1 3 5 2
12	1 5 4 1
13	1 1 2 3 2
14	1 2 3 1 1 3
15	2 2 2 1 1 4
16	4 2 2 1 6
17	2 2 1 2 3
18	22
19	9
20	10
21	11
22	15
23	22
24	25
25	29

#48

테이프

★★★

Column clues (top to bottom):

Column	Clue
1	12
2	2 3
3	2 2
4	2 2
5	2 2
6	2 5 3
7	2 2 2 3
8	3 1 1 1
9	3 1 3 1 1
10	3 7 2
11	4 5 1
12	5 2
13	5 6 1
14	6 2 1 3 2
15	7 1 2 2 2 3
16	9 2 3 2 1 3
17	13 2 1 1
18	9 5 2 2
19	9 2 1 1
20	8 2 2 2
21	6 4 1
22	7 13
23	3 3 1 8
24	2 2 12
25	2 1 9
26	2 12
27	1 1 9
28	13
29	1 9
30	11

Row clues (left to right):

Row	Clue
1	7
2	12
3	16
4	18
5	2 11
6	2 10
7	2 10
8	1 9
9	1 7
10	1 4 1
11	1 4 3 2
12	1 2 2 1 2 1
13	1 1 3 3 2 2
14	1 1 3 1 2 1 2
15	1 1 3 2 1 2 2
16	1 2 2 1 2 3 3
17	1 4 3 2 2 3
18	2 2 2 2 3 1
19	1 3 3 3 1 1
20	2 1 7 1 3
21	2 3 1 1 5
22	2 1 7
23	3 9
24	5 9
25	2 3 9
26	3 9
27	3 9
28	4 8
29	2 3 6
30	6

#49
도시
★★★

Column clues (left to right, top to bottom):

1. 3
2. 4 20
3. 4 2 5 3 4 3
4. 3 6 9 3 1
5. 2 15 10
6. 1 3 11 3 2
7. 1 6 5 8
8. 1 20
9. 3
10. 4 14
11. 5 1 2 2 3 2
12. 4 1 2 2 3 2
13. 2 14
14. 0
15. 28
16. 2 1 1 1 1 1 1 1 1 1 1 1 1 1
17. 3 1 1 1 1 1 1 1 1 1 1 1 1 1
18. 28
19. 0
20. 28
21. 3 1 1 1 1 1 1 1 1 1 1 1 1 1
22. 2 1 1 1 1 1 1 1 1 1 1 1 1 1
23. 28
24. 1
25. 3 1 18
26. 4 4 1 1 1 1 1 6
27. 4 1 14 1 1
28. 4 5
29. 3 1 1 1
30. 2 5

Row clues (top to bottom):

1. 7 6
2. 5 2 2 7
3. 4 3 4 4 5
4. 2 4 1 2 2 1 3
5. 1 6 2 1 1 2
6. 1 5 1 2 2 1
7. 1 1 2 1 1 2
8. 1 1 2 2 1
9. 3 2 1 1 2
10. 5 1 2 2 1 1
11. 7 2 1 1 2 3
12. 1 2 2 1 2 2 1 1
13. 7 2 1 1 2 3
14. 7 1 2 2 1 1 1
15. 2 4 2 1 1 2 3
16. 5 1 1 2 2 1 1 1
17. 7 4 2 1 1 2 3
18. 1 5 1 1 1 2 2 1 1 1
19. 7 4 2 1 1 2 3
20. 3 3 4 1 2 2 1 1 1
21. 7 1 1 2 1 1 2 3
22. 1 3 1 4 1 2 2 1 1 1
23. 7 4 2 1 1 2 3
24. 4 2 1 1 1 2 2 1 1 1
25. 2 4 4 2 1 1 2 3
26. 7 4 1 2 2 1 6
27. 1 5 4 2 1 1 2 2 1 1
28. 4 2 1 1 1 2 2 1 6
29. 2 4 4 2 1 1 2 2 1 1
30. 7 4 1 2 2 1 6

#50

조깅

★★★

Column clues (left to right, top to bottom):

Column	Clues
1	1 4 1 2
2	9 3
3	2 7 9
4	2 2 20
5	8 18
6	10 4 6
7	7 4 2
8	2 3 3 2
9	11 2 1
10	4 3 4
11	5 4
12	6 1 4 4
13	5 2 2 4 1
14	4 4 7 1
15	2 5 14
16	1 2 15 2
17	18 2
18	17 2
19	1 17 2
20	13 6 2
21	11 5 2
22	11 5 2
23	4 4 4 2
24	3 2 2 2
25	3 2
26	2 2
27	2
28	2
29	2
30	2

Row clues (top to bottom):

Row	Clues
1	1 2 5 3
2	14 4
3	7 6 6
4	2 10 5
5	9 3 5
6	10 2 6
7	2 3 2 7
8	6 2 10
9	4 1 1 4 7 2
10	5 1 14
11	3 2 12
12	2 2 8
13	5 5
14	4 6
15	4 5
16	3 5
17	2 6
18	2 8
19	3 9
20	3 10
21	3 13
22	4 12
23	4 1 4
24	4 5
25	5 3
26	30
27	30
28	3
29	4
30	2

SUDOKU
X
LOGIC ART

초급 중급
스도쿠 X 로직아트
정답

01

7	6	3	2	9	1	4	5	8
1	4	5	8	6	3	7	2	9
8	9	2	4	5	7	6	3	1
4	8	9	7	1	2	5	6	3
2	5	6	9	3	8	1	7	4
3	7	1	6	4	5	8	9	2
6	3	7	1	2	4	9	8	5
5	1	8	3	7	9	2	4	6
9	2	4	5	8	6	3	1	7

02

4	2	1	7	9	8	6	5	3
8	5	7	6	2	3	1	9	4
6	9	3	4	5	1	2	7	8
7	1	8	9	6	4	3	2	5
5	4	2	1	3	7	8	6	9
9	3	6	2	8	5	7	4	1
1	6	9	3	4	2	5	8	7
2	7	5	8	1	9	4	3	6
3	8	4	5	7	6	9	1	2

03

5	7	3	6	8	1	4	9	2
9	8	2	4	5	3	6	7	1
1	4	6	7	2	9	5	8	3
8	5	7	3	1	6	2	4	9
2	3	9	5	7	4	8	1	6
4	6	1	2	9	8	7	3	5
6	2	4	9	3	7	1	5	8
7	9	8	1	6	5	3	2	4
3	1	5	8	4	2	9	6	7

04

7	4	2	8	5	9	6	3	1
6	1	8	3	7	2	4	9	5
9	3	5	4	1	6	7	2	8
2	8	4	1	9	7	5	6	3
5	6	3	2	8	4	9	1	7
1	7	9	6	3	5	2	8	4
3	2	7	5	6	8	1	4	9
4	9	1	7	2	3	8	5	6
8	5	6	9	4	1	3	7	2

05

4	6	7	5	3	1	9	2	8
9	3	1	8	2	7	4	6	5
5	8	2	4	6	9	3	1	7
3	1	8	6	5	4	2	7	9
6	4	9	7	1	2	5	8	3
2	7	5	9	8	3	6	4	1
7	2	4	1	9	5	8	3	6
8	5	3	2	7	6	1	9	4
1	9	6	3	4	8	7	5	2

06

9	7	2	1	5	3	8	6	4
4	8	5	2	9	6	3	7	1
6	1	3	8	7	4	9	2	5
1	4	7	6	8	9	5	3	2
2	9	8	3	4	5	7	1	6
3	5	6	7	2	1	4	9	8
8	2	4	9	6	7	1	5	3
5	3	9	4	1	2	6	8	7
7	6	1	5	3	8	2	4	9

07

9	1	3	4	2	8	5	6	7
8	5	7	3	6	1	4	9	2
2	4	6	5	7	9	1	3	8
3	6	9	2	4	5	7	8	1
1	2	5	8	9	7	6	4	3
7	8	4	6	1	3	2	5	9
5	9	2	1	3	6	8	7	4
6	7	1	9	8	4	3	2	5
4	3	8	7	5	2	9	1	6

08

2	9	3	5	4	1	8	6	7
8	5	7	6	9	3	2	4	1
1	6	4	2	7	8	9	5	3
9	3	6	4	1	7	5	8	2
4	1	5	8	2	9	7	3	6
7	8	2	3	6	5	1	9	4
5	4	1	9	3	2	6	7	8
6	7	9	1	8	4	3	2	5
3	2	8	7	5	6	4	1	9

09

8	9	1	2	5	3	6	4	7
5	4	6	9	7	8	1	2	3
3	7	2	1	6	4	8	9	5
1	2	4	3	9	6	7	5	8
7	8	5	4	2	1	9	3	6
9	6	3	5	8	7	4	1	2
2	3	8	7	1	9	5	6	4
4	1	7	6	3	5	2	8	9
6	5	9	8	4	2	3	7	1

10

6	4	9	3	2	1	5	7	8
1	7	8	4	5	6	3	9	2
3	5	2	7	9	8	4	6	1
9	1	6	2	3	5	7	8	4
4	3	5	8	7	9	2	1	6
8	2	7	1	6	4	9	3	5
2	9	1	6	4	7	8	5	3
5	6	3	9	8	2	1	4	7
7	8	4	5	1	3	6	2	9

11

3	4	6	8	5	1	2	7	9
7	5	1	9	3	2	8	4	6
2	8	9	6	7	4	5	1	3
8	7	3	2	4	5	9	6	1
6	2	5	7	1	9	3	8	4
9	1	4	3	8	6	7	5	2
4	6	7	5	9	3	1	2	8
5	9	2	1	6	8	4	3	7
1	3	8	4	2	7	6	9	5

12

8	2	3	6	9	7	1	4	5
4	1	5	8	2	3	7	6	9
6	7	9	4	5	1	8	2	3
1	5	8	2	7	4	9	3	6
3	6	2	9	1	5	4	8	7
7	9	4	3	8	6	5	1	2
2	8	7	1	3	9	6	5	4
5	3	6	7	4	8	2	9	1
9	4	1	5	6	2	3	7	8

13

6	4	2	5	3	7	8	1	9
3	5	7	8	9	1	2	4	6
1	8	9	4	2	6	3	5	7
7	1	6	2	4	8	5	9	3
8	3	4	9	6	5	7	2	1
9	2	5	7	1	3	4	6	8
4	6	3	1	7	2	9	8	5
2	7	8	6	5	9	1	3	4
5	9	1	3	8	4	6	7	2

14

1	5	6	2	8	9	7	3	4
9	3	4	5	7	1	6	8	2
2	7	8	6	3	4	9	5	1
7	6	1	3	5	2	4	9	8
4	2	5	1	9	8	3	6	7
8	9	3	4	6	7	1	2	5
5	1	7	9	2	6	8	4	3
3	4	9	8	1	5	2	7	6
6	8	2	7	4	3	5	1	9

15

8	4	7	3	2	5	6	9	1
1	5	6	4	7	9	2	3	8
3	2	9	1	6	8	4	5	7
4	8	5	9	3	1	7	6	2
7	9	1	2	5	6	8	4	3
6	3	2	7	8	4	5	1	9
5	1	8	6	9	2	3	7	4
2	7	4	5	1	3	9	8	6
9	6	3	8	4	7	1	2	5

16

8	4	5	6	7	1	2	3	9
2	1	3	4	5	9	6	7	8
6	7	9	2	3	8	4	5	1
7	5	4	8	6	2	9	1	3
3	6	1	9	4	5	7	8	2
9	2	8	3	1	7	5	4	6
4	8	2	5	9	3	1	6	7
1	3	6	7	2	4	8	9	5
5	9	7	1	8	6	3	2	4

17

4	7	1	3	5	2	6	8	9
5	3	6	7	8	9	2	4	1
2	8	9	1	4	6	3	5	7
3	6	4	8	1	5	7	9	2
8	5	7	2	9	3	4	1	6
1	9	2	6	7	4	5	3	8
6	1	3	4	2	8	9	7	5
7	2	5	9	3	1	8	6	4
9	4	8	5	6	7	1	2	3

18

5	7	4	1	6	8	9	2	3
2	3	6	9	5	7	4	8	1
1	9	8	4	2	3	5	6	7
9	6	5	8	4	1	7	3	2
3	4	7	2	9	6	1	5	8
8	1	2	3	7	5	6	9	4
7	2	3	5	1	9	8	4	6
6	8	9	7	3	4	2	1	5
4	5	1	6	8	2	3	7	9

19

6	8	7	1	3	4	2	5	9
2	4	3	5	8	9	6	7	1
5	1	9	6	2	7	3	4	8
3	2	6	4	7	8	9	1	5
8	5	4	3	9	1	7	2	6
9	7	1	2	5	6	4	8	3
4	6	2	8	1	3	5	9	7
7	3	8	9	4	5	1	6	2
1	9	5	7	6	2	8	3	4

20

1	6	2	9	3	4	5	8	7
5	4	9	8	7	1	3	6	2
8	7	3	2	5	6	1	9	4
9	3	6	5	2	7	8	4	1
2	1	7	6	4	8	9	5	3
4	5	8	1	9	3	2	7	6
6	9	5	4	1	2	7	3	8
3	8	1	7	6	9	4	2	5
7	2	4	3	8	5	6	1	9

21

7	3	5	4	1	9	6	2	8
4	2	6	7	3	8	9	5	1
1	9	8	5	2	6	7	3	4
9	1	7	8	5	4	3	6	2
3	6	4	2	9	7	8	1	5
5	8	2	3	6	1	4	9	7
2	7	1	9	4	3	5	8	6
8	5	9	6	7	2	1	4	3
6	4	3	1	8	5	2	7	9

22

4	5	1	3	7	8	2	6	9
3	2	6	4	1	9	5	7	8
7	8	9	2	5	6	1	4	3
6	9	3	5	2	1	4	8	7
1	7	5	8	3	4	9	2	6
2	4	8	9	6	7	3	1	5
5	1	7	6	4	3	8	9	2
8	3	4	7	9	2	6	5	1
9	6	2	1	8	5	7	3	4

23

7	4	5	6	8	1	2	3	9
6	8	3	2	7	9	4	5	1
1	2	9	3	4	5	6	7	8
5	6	7	8	3	4	9	1	2
8	1	4	9	5	2	3	6	7
9	3	2	7	1	6	5	8	4
2	5	1	4	6	7	8	9	3
3	9	6	1	2	8	7	4	5
4	7	8	5	9	3	1	2	6

24

3	7	8	1	5	4	2	6	9
5	6	2	3	7	9	1	4	8
4	9	1	6	2	8	3	5	7
6	2	3	7	4	1	8	9	5
1	5	7	8	9	6	4	2	3
9	8	4	2	3	5	6	7	1
2	4	5	9	8	3	7	1	6
7	3	6	5	1	2	9	8	4
8	1	9	4	6	7	5	3	2

25

7	8	9	6	3	4	2	1	5
2	1	3	5	7	8	4	6	9
4	5	6	9	1	2	3	7	8
3	2	7	4	8	6	9	5	1
8	4	1	7	5	9	6	3	2
9	6	5	3	2	1	7	8	4
1	3	4	2	6	5	8	9	7
5	7	2	8	9	3	1	4	6
6	9	8	1	4	7	5	2	3

26

8	2	1	6	7	5	4	9	3
3	5	4	1	2	9	6	7	8
6	7	9	8	3	4	1	2	5
1	4	8	7	9	3	5	6	2
5	9	6	2	1	8	7	3	4
2	3	7	5	4	6	8	1	9
4	6	2	9	5	1	3	8	7
7	1	5	3	8	2	9	4	6
9	8	3	4	6	7	2	5	1

27

7	2	8	3	4	5	1	6	9
3	4	5	6	1	9	2	7	8
6	9	1	7	2	8	3	4	5
4	3	6	2	8	7	5	9	1
1	8	7	9	5	3	6	2	4
9	5	2	4	6	1	8	3	7
2	1	3	5	7	4	9	8	6
5	6	4	8	9	2	7	1	3
8	7	9	1	3	6	4	5	2

28

8	4	9	1	3	6	7	2	5
5	1	2	9	7	8	4	3	6
3	7	6	5	4	2	9	1	8
7	8	1	4	6	9	3	5	2
9	2	5	7	8	3	6	4	1
6	3	4	2	5	1	8	7	9
4	9	8	3	1	5	2	6	7
1	6	3	8	2	7	5	9	4
2	5	7	6	9	4	1	8	3

29

5	2	8	9	4	7	6	1	3
7	4	1	6	5	3	2	9	8
3	6	9	8	1	2	4	7	5
4	5	7	1	3	6	8	2	9
9	1	3	2	8	5	7	6	4
6	8	2	7	9	4	3	5	1
1	3	6	4	2	9	5	8	7
2	9	5	3	7	8	1	4	6
8	7	4	5	6	1	9	3	2

30

6	1	4	7	9	2	5	3	8
7	5	2	4	8	3	9	6	1
3	9	8	6	1	5	4	2	7
9	2	6	3	5	7	8	1	4
5	4	3	1	2	8	7	9	6
8	7	1	9	6	4	3	5	2
4	6	5	2	7	9	1	8	3
2	3	9	8	4	1	6	7	5
1	8	7	5	3	6	2	4	9

31

6	3	2	7	9	5	4	8	1
9	5	7	8	1	4	6	3	2
8	4	1	2	3	6	9	7	5
1	2	8	4	7	9	5	6	3
4	7	5	3	6	2	1	9	8
3	9	6	5	8	1	7	2	4
7	1	4	9	2	8	3	5	6
2	6	9	1	5	3	8	4	7
5	8	3	6	4	7	2	1	9

32

2	8	7	9	5	6	3	4	1
1	3	6	4	8	2	9	5	7
4	5	9	3	7	1	6	2	8
8	2	4	6	9	5	7	1	3
9	7	5	8	1	3	4	6	2
3	6	1	7	2	4	5	8	9
7	4	3	2	6	8	1	9	5
6	1	2	5	3	9	8	7	4
5	9	8	1	4	7	2	3	6

33

6	8	1	5	7	4	2	3	9
9	4	2	6	3	1	8	7	5
7	5	3	2	9	8	4	6	1
2	7	5	4	8	3	1	9	6
8	1	9	7	6	5	3	2	4
3	6	4	9	1	2	5	8	7
4	2	6	8	5	7	9	1	3
1	9	8	3	4	6	7	5	2
5	3	7	1	2	9	6	4	8

34

8	3	4	5	2	6	7	1	9
6	1	2	3	9	7	4	5	8
5	9	7	8	4	1	3	2	6
3	6	9	2	8	4	5	7	1
4	2	1	6	7	5	8	9	3
7	8	5	9	1	3	2	6	4
9	7	8	1	3	2	6	4	5
1	4	6	7	5	8	9	3	2
2	5	3	4	6	9	1	8	7

35

3	7	8	9	5	2	1	6	4
1	9	2	4	7	6	5	3	8
5	4	6	8	1	3	2	9	7
7	5	9	6	3	4	8	2	1
6	3	4	2	8	1	9	7	5
8	2	1	5	9	7	3	4	6
9	1	3	7	6	5	4	8	2
4	8	7	1	2	9	6	5	3
2	6	5	3	4	8	7	1	9

36

1	2	8	5	6	4	7	3	9
9	7	4	3	8	2	1	5	6
3	5	6	1	9	7	8	2	4
2	4	7	6	3	5	9	1	8
8	3	9	7	2	1	4	6	5
5	6	1	9	4	8	3	7	2
7	1	2	8	5	9	6	4	3
4	8	3	2	7	6	5	9	1
6	9	5	4	1	3	2	8	7

정답

37

1	9	3	5	6	4	2	8	7
2	4	8	9	3	7	1	5	6
5	7	6	1	8	2	3	4	9
6	3	5	2	9	1	8	7	4
9	8	4	3	7	5	6	1	2
7	1	2	6	4	8	5	9	3
4	5	7	8	2	6	9	3	1
3	6	1	4	5	9	7	2	8
8	2	9	7	1	3	4	6	5

38

3	4	2	5	7	9	6	1	8
6	1	8	3	4	2	7	9	5
5	7	9	1	6	8	4	2	3
7	6	5	4	3	1	9	8	2
2	8	3	9	5	6	1	4	7
4	9	1	2	8	7	5	3	6
8	3	6	7	9	4	2	5	1
1	5	4	6	2	3	8	7	9
9	2	7	8	1	5	3	6	4

39

1	6	5	3	2	9	7	8	4
9	7	2	6	8	4	5	1	3
8	4	3	5	1	7	6	2	9
7	3	9	1	4	8	2	5	6
2	8	4	7	6	5	9	3	1
5	1	6	2	9	3	8	4	7
6	5	1	9	3	2	4	7	8
3	2	8	4	7	6	1	9	5
4	9	7	8	5	1	3	6	2

40

6	8	3	1	7	2	4	5	9
2	4	7	3	5	9	6	1	8
1	5	9	6	4	8	2	7	3
7	1	2	8	9	5	3	4	6
5	9	6	4	1	3	7	8	2
4	3	8	7	2	6	1	9	5
9	2	1	5	6	4	8	3	7
8	6	4	9	3	7	5	2	1
3	7	5	2	8	1	9	6	4

41

4	8	3	1	7	6	9	5	2
9	6	5	8	3	2	4	1	7
7	2	1	9	5	4	3	6	8
8	1	7	4	6	3	5	2	9
3	9	4	2	8	5	1	7	6
2	5	6	7	9	1	8	4	3
5	3	2	6	1	8	7	9	4
6	7	8	5	4	9	2	3	1
1	4	9	3	2	7	6	8	5

42

4	8	7	5	1	3	9	6	2
3	6	2	9	8	4	7	5	1
9	1	5	2	6	7	8	4	3
2	5	3	1	4	9	6	8	7
8	4	1	7	5	6	3	2	9
6	7	9	8	3	2	5	1	4
7	9	8	6	2	1	4	3	5
1	3	6	4	9	5	2	7	8
5	2	4	3	7	8	1	9	6

43

5	6	9	1	2	7	4	3	8
2	1	4	3	8	6	9	5	7
8	7	3	9	4	5	6	2	1
6	4	7	2	5	8	1	9	3
9	2	8	7	1	3	5	4	6
1	3	5	6	9	4	8	7	2
7	8	1	5	3	9	2	6	4
4	5	6	8	7	2	3	1	9
3	9	2	4	6	1	7	8	5

44

9	7	3	4	1	6	2	5	8
6	5	8	2	7	3	4	9	1
1	4	2	5	9	8	6	3	7
8	6	5	1	2	7	3	4	9
7	3	9	6	8	4	5	1	2
2	1	4	9	3	5	8	7	6
4	2	6	7	5	1	9	8	3
5	8	7	3	6	9	1	2	4
3	9	1	8	4	2	7	6	5

45

6	9	2	4	5	1	8	3	7
3	5	1	9	8	7	4	6	2
7	8	4	6	3	2	1	9	5
9	1	7	2	6	3	5	8	4
2	3	5	8	7	4	6	1	9
4	6	8	1	9	5	7	2	3
5	4	6	3	1	9	2	7	8
8	2	9	7	4	6	3	5	1
1	7	3	5	2	8	9	4	6

46

2	8	5	7	1	4	6	3	9
6	4	3	8	9	2	1	7	5
1	7	9	5	3	6	2	4	8
9	1	7	6	5	3	4	8	2
5	6	4	2	7	8	9	1	3
8	3	2	9	4	1	5	6	7
4	5	8	1	2	7	3	9	6
3	9	6	4	8	5	7	2	1
7	2	1	3	6	9	8	5	4

47

7	1	5	6	8	4	9	3	2
8	3	9	2	7	5	1	6	4
4	2	6	3	1	9	8	5	7
6	9	7	5	2	8	3	4	1
3	5	2	4	6	1	7	9	8
1	4	8	7	9	3	6	2	5
2	8	1	9	4	6	5	7	3
5	6	4	1	3	7	2	8	9
9	7	3	8	5	2	4	1	6

48

2	6	5	8	4	7	1	3	9
3	9	7	1	6	2	8	4	5
8	4	1	5	9	3	2	7	6
6	8	9	3	5	4	7	2	1
7	1	4	9	2	8	6	5	3
5	2	3	7	1	6	4	9	8
4	5	6	2	8	9	3	1	7
1	3	2	6	7	5	9	8	4
9	7	8	4	3	1	5	6	2

49

6	1	7	3	8	4	5	2	9
9	4	2	5	1	6	3	7	8
3	8	5	9	2	7	4	1	6
2	5	9	8	4	3	7	6	1
4	6	1	2	7	5	9	8	3
8	7	3	1	6	9	2	5	4
5	2	8	4	9	1	6	3	7
7	3	4	6	5	8	1	9	2
1	9	6	7	3	2	8	4	5

50

4	7	8	2	5	1	3	9	6
2	3	1	4	6	9	8	7	5
5	9	6	8	3	7	1	2	4
8	4	2	3	7	5	9	6	1
7	1	3	6	9	8	5	4	2
9	6	5	1	2	4	7	8	3
3	5	7	9	4	6	2	1	8
1	2	4	7	8	3	6	5	9
6	8	9	5	1	2	4	3	7

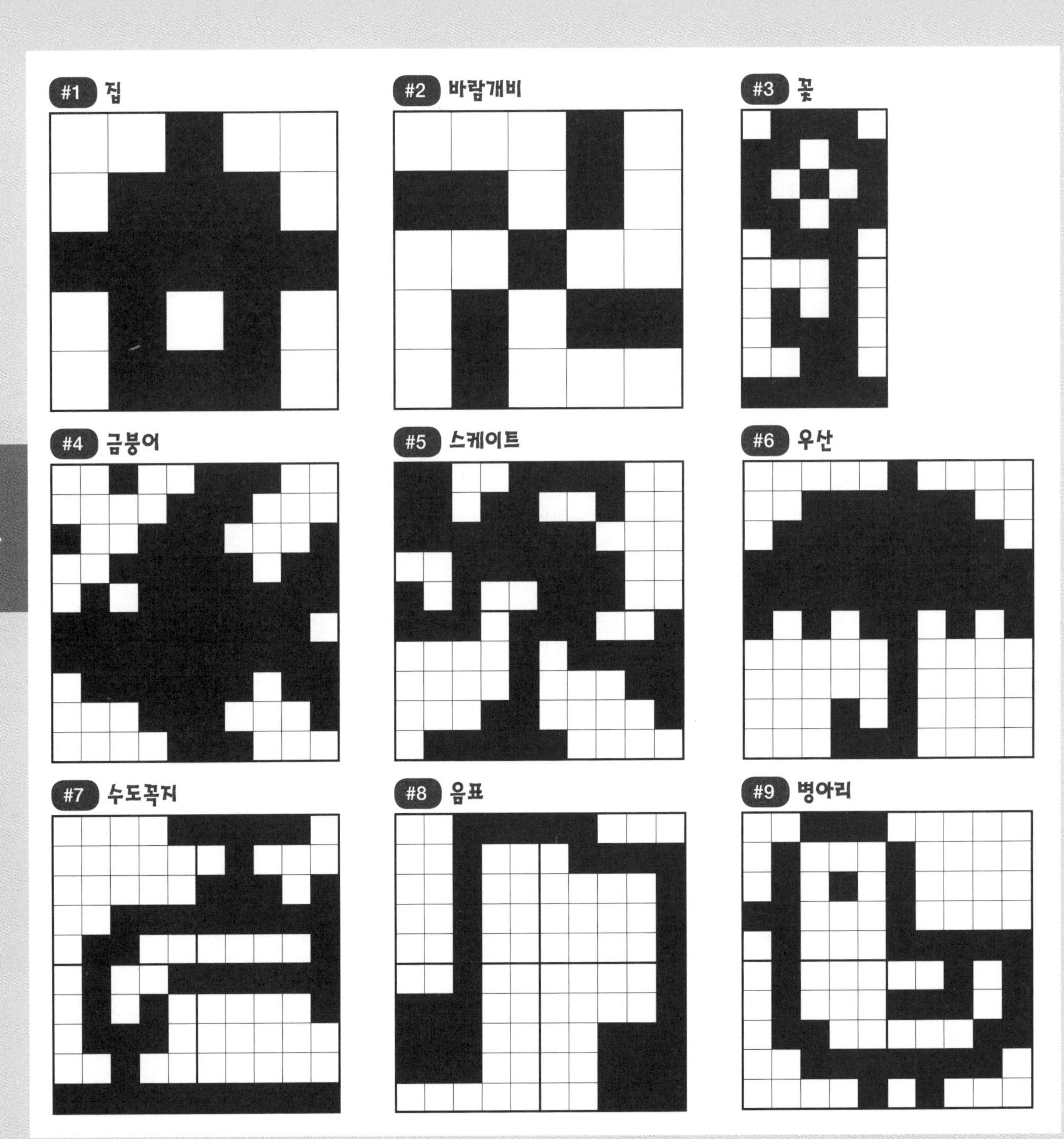
#1 집
#2 바람개비
#3 꽃
#4 금붕어
#5 스케이트
#6 우산
#7 수도꼭지
#8 음표
#9 병아리

#10 트럼펫

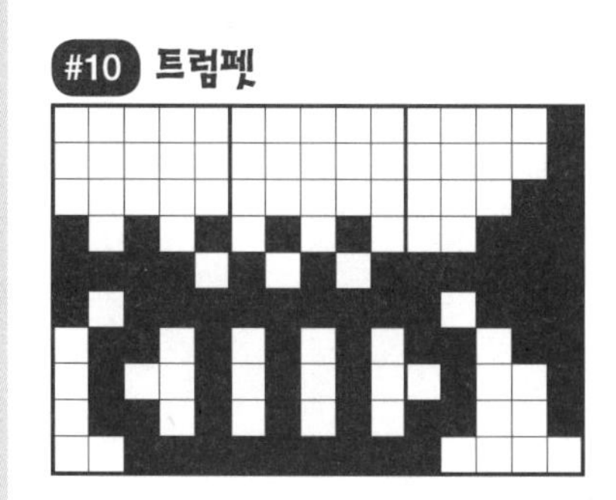

#11 공원

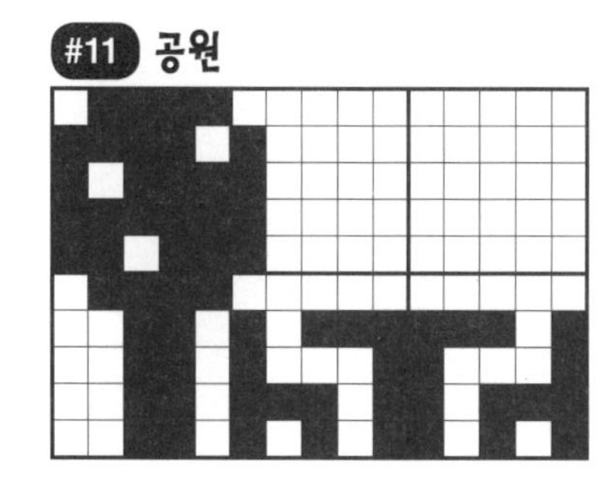

#12 이층버스

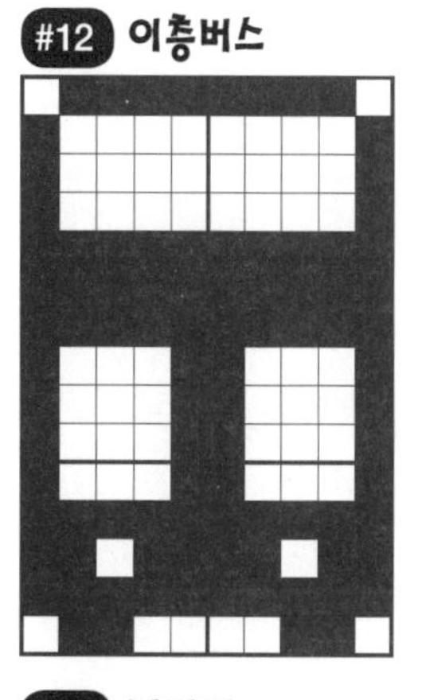

#13 초승달

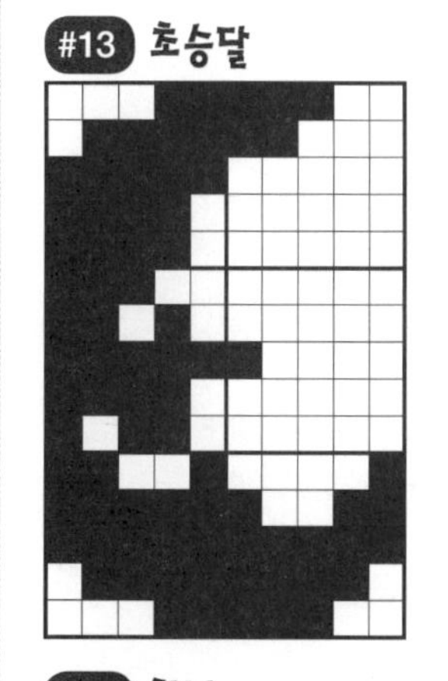

#14 병아리

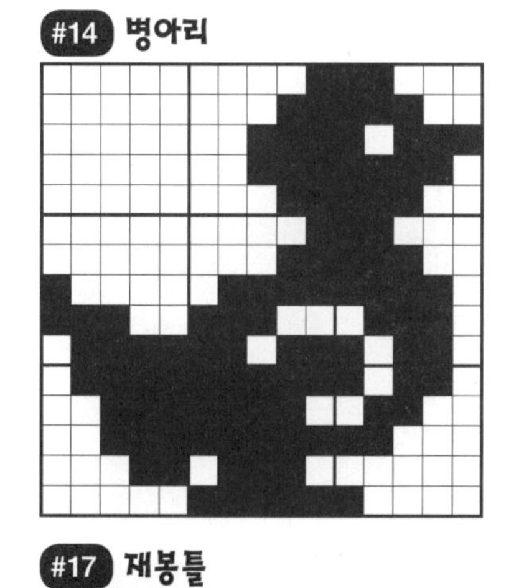

#15 강아지

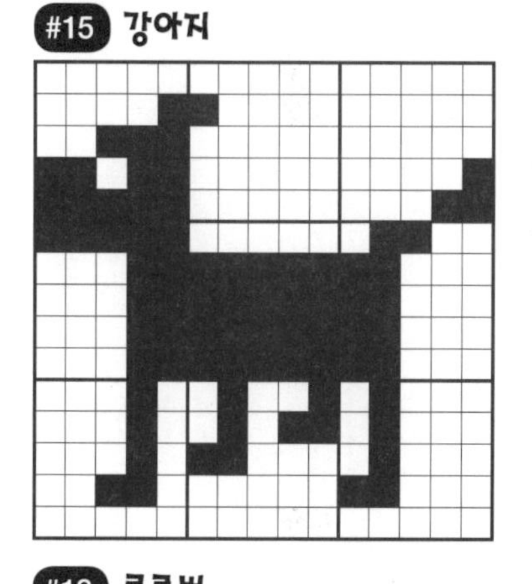

#16 하마

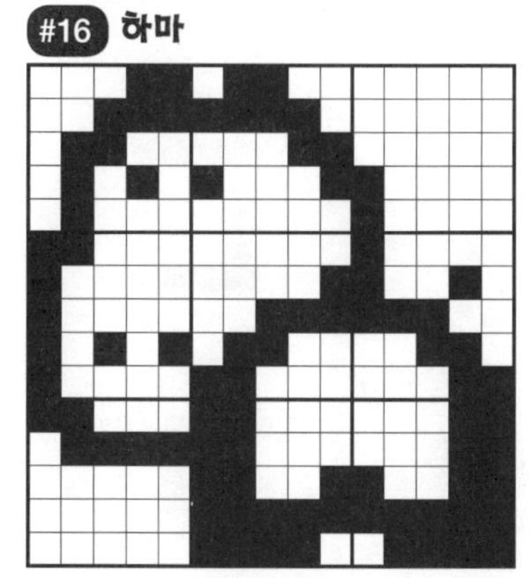

#17 재봉틀

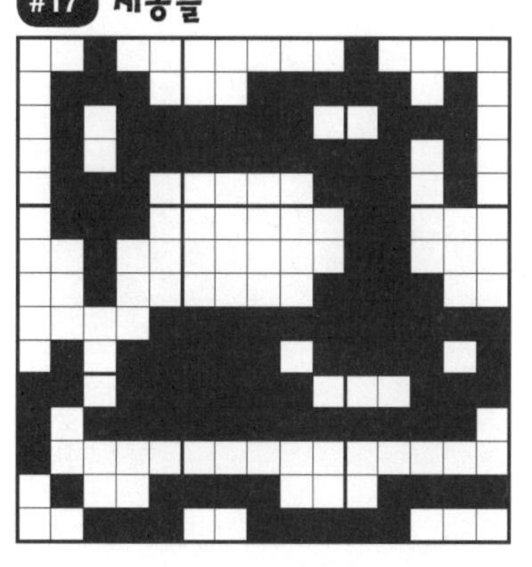

#18 클로버

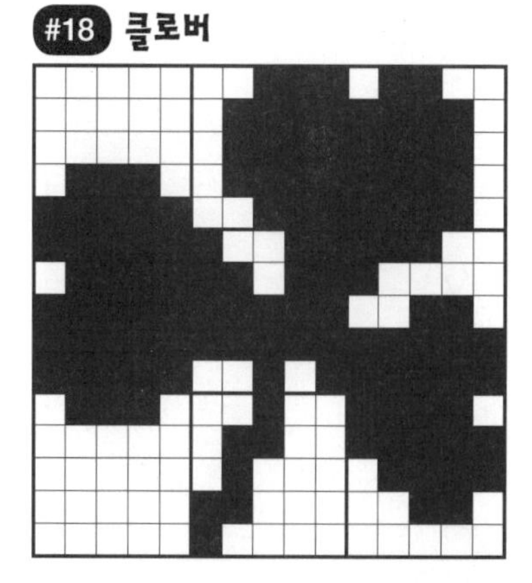

#19 카메라

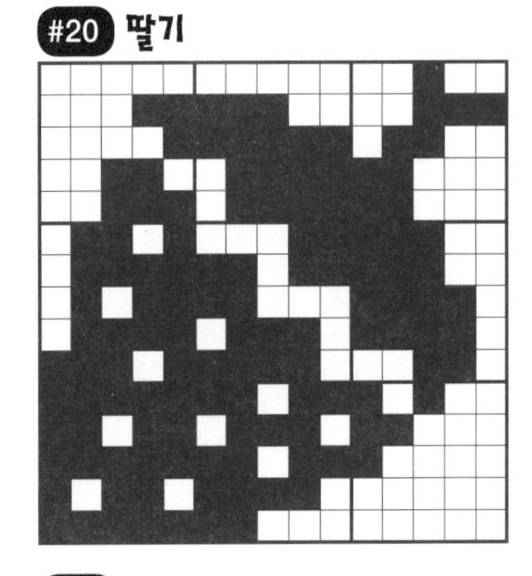

#20 딸기

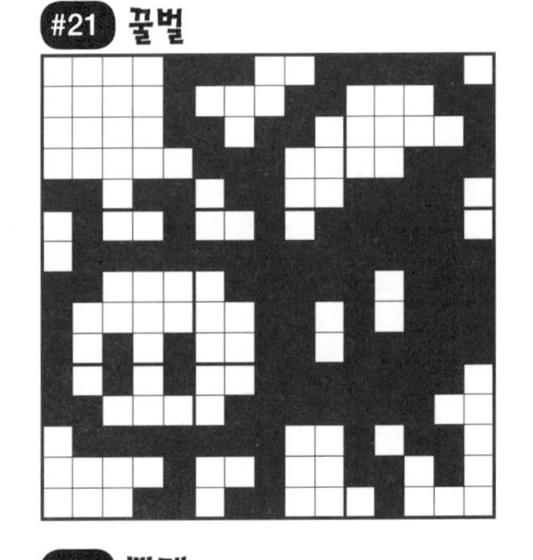

#21 꿀벌

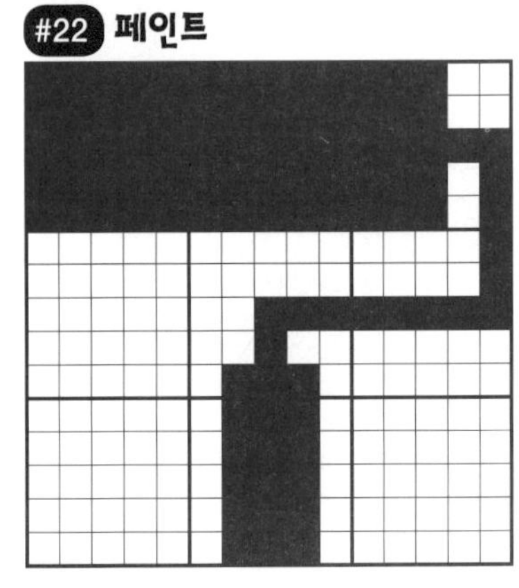

#22 페인트

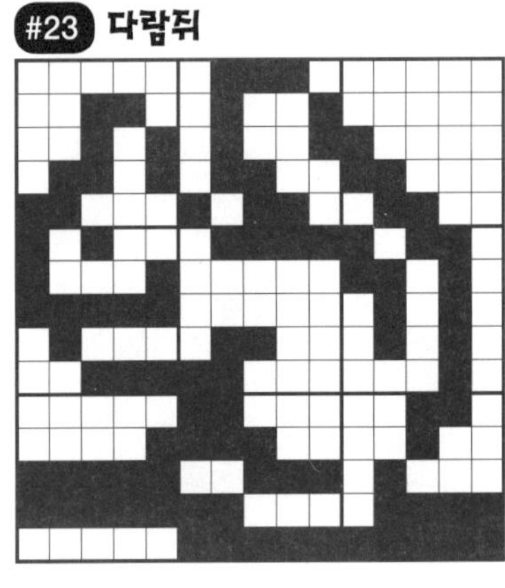

#23 다람쥐

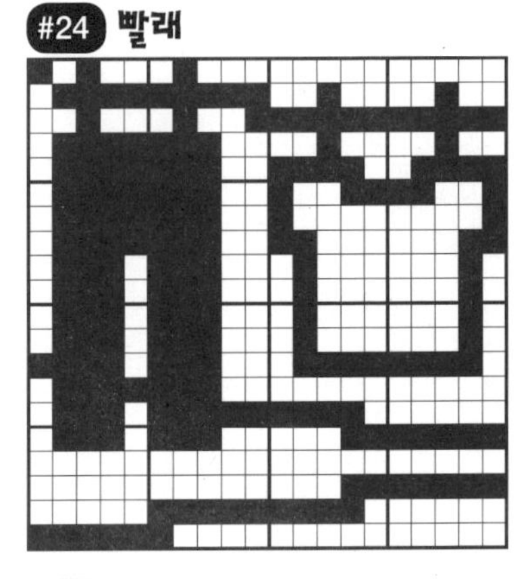

#24 빨래

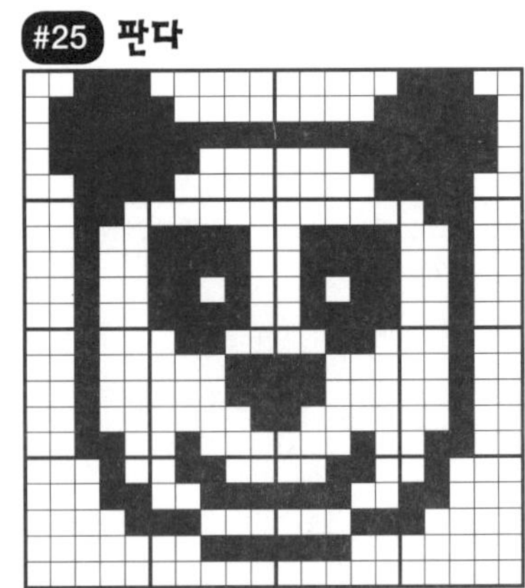

#25 판다

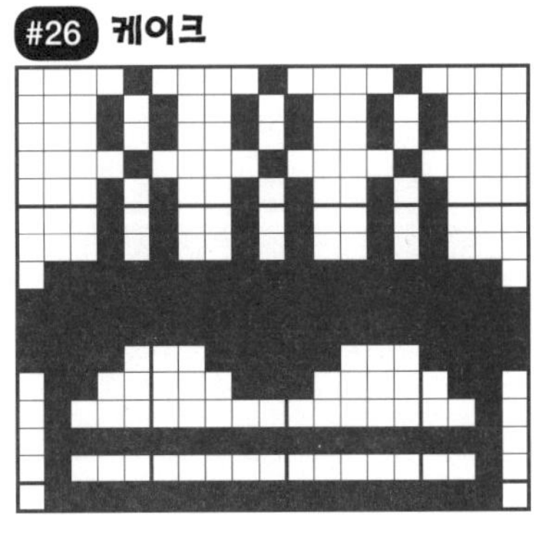

#26 케이크

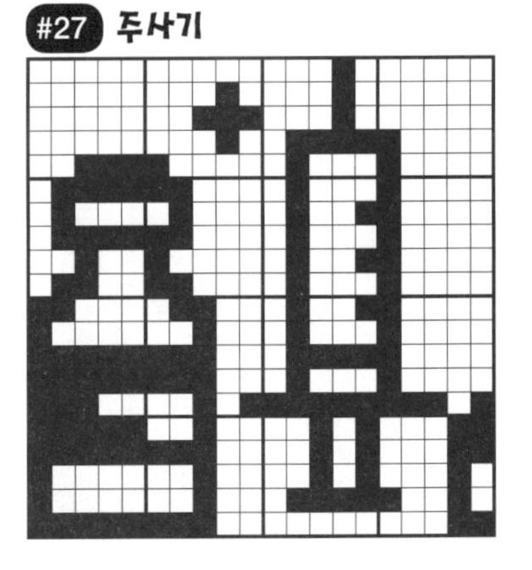

#27 주사기

#28 편지

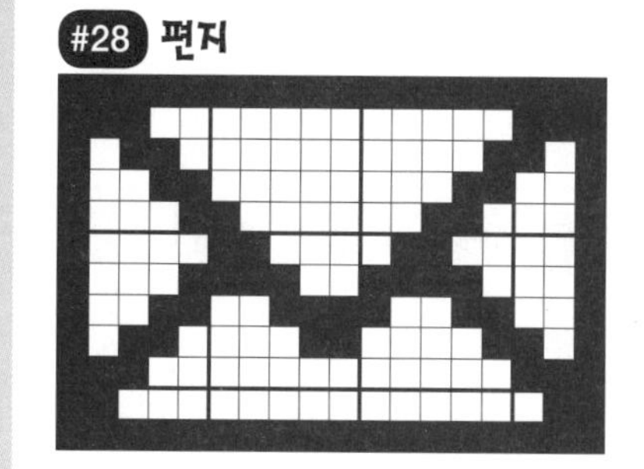

#29 볼링

#30 지구

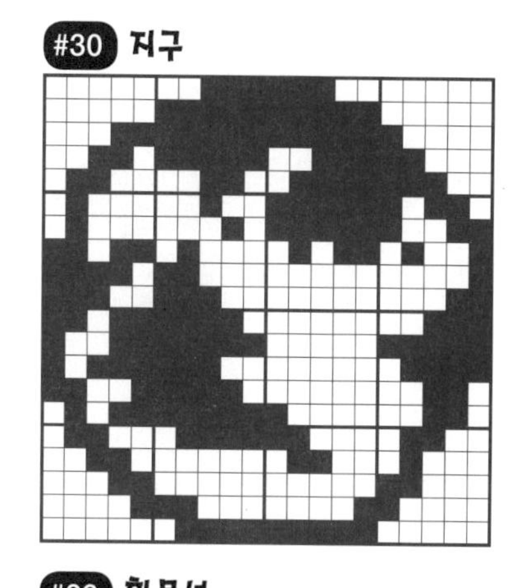

#31 말

#32 앵두

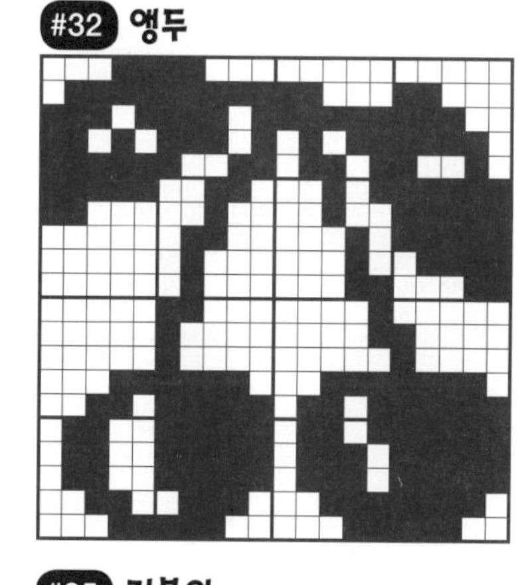

#33 화물선

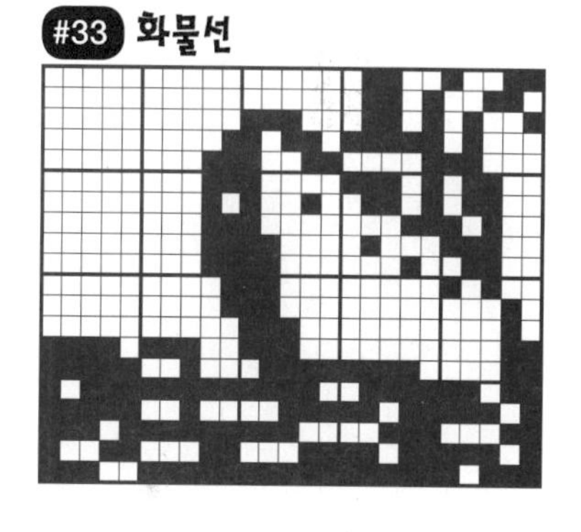

#34 사자

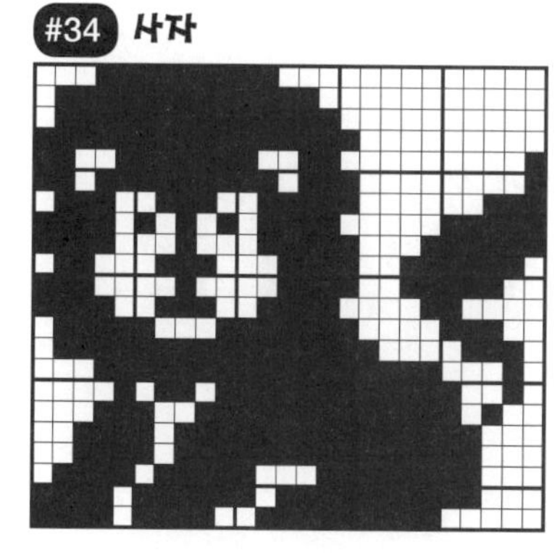

#35 거북이

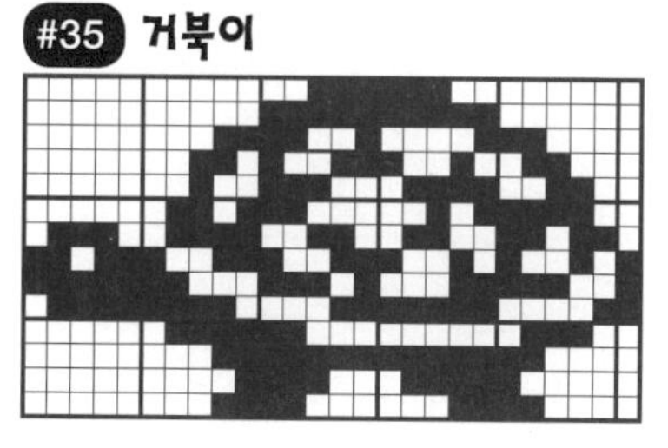

#36 망치

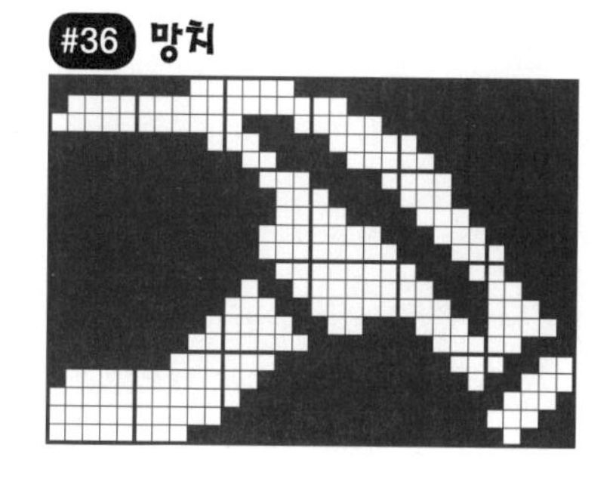

정답

정답

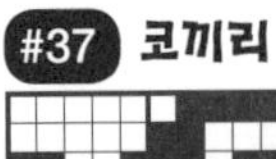

#37 코끼리

#38 고슴도치

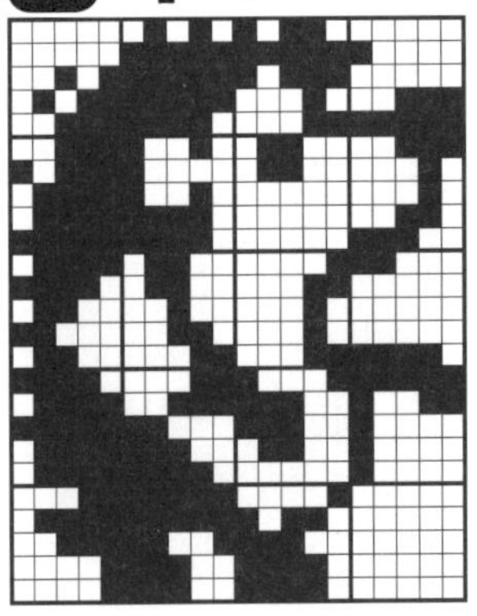

#39 토성

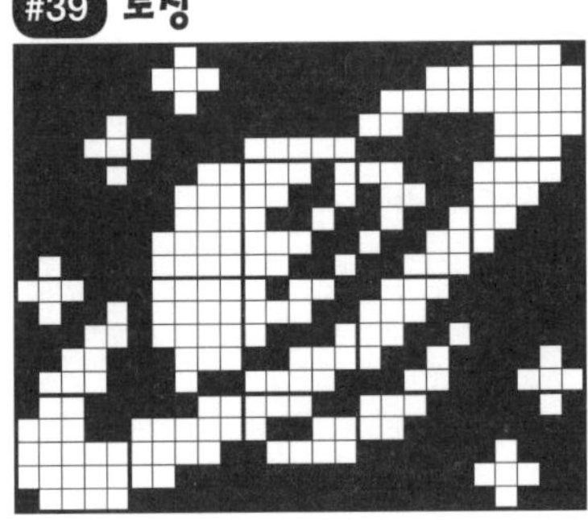

#40 사슴

#41 옷걸이

#42 포도

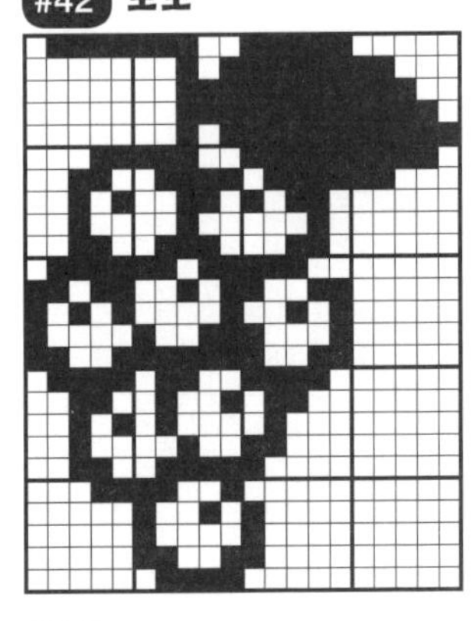

#43 가위

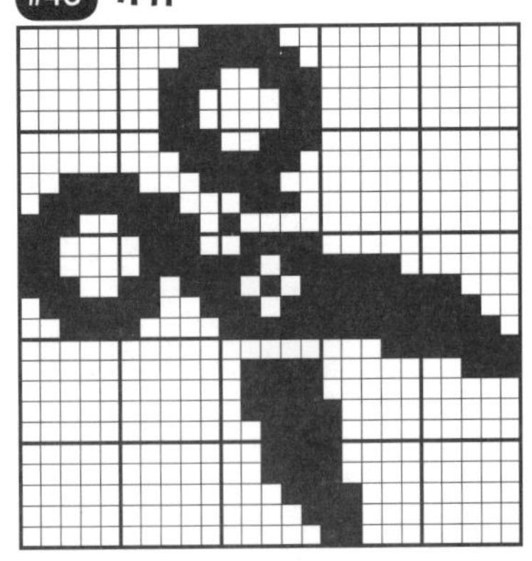

#44 풍차

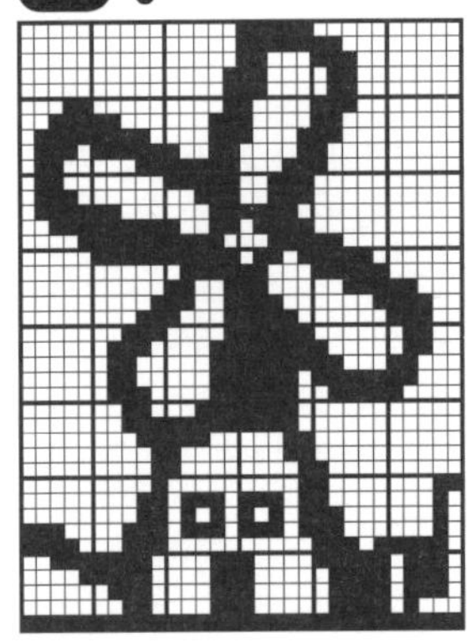

#45 백조

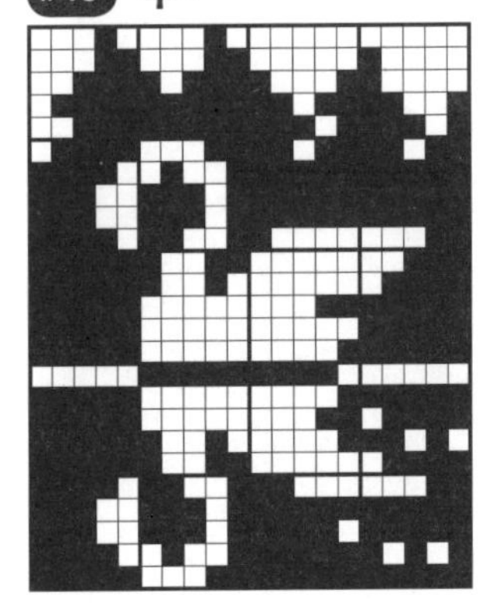

#46 체조

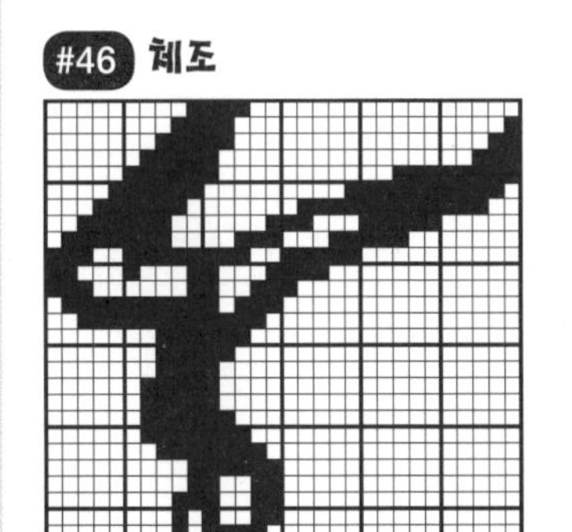

#47 북극곰

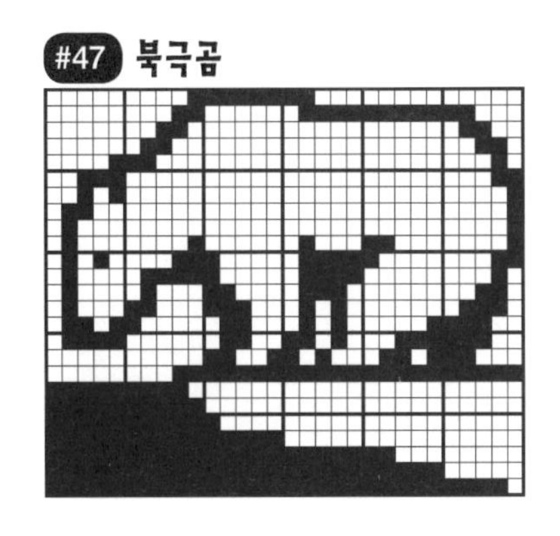

#48 테이프

#49 도시

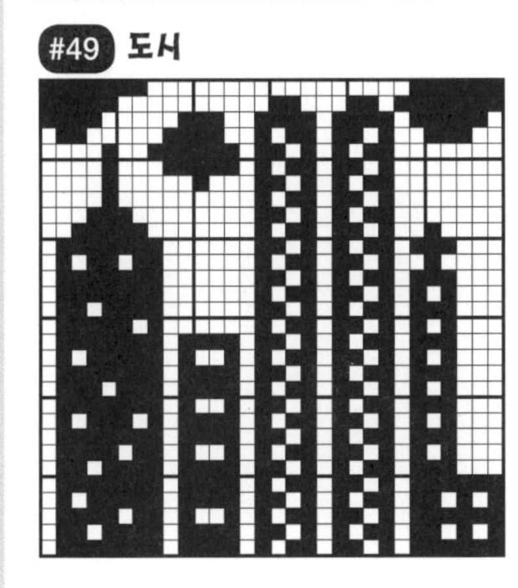

#50 조깅

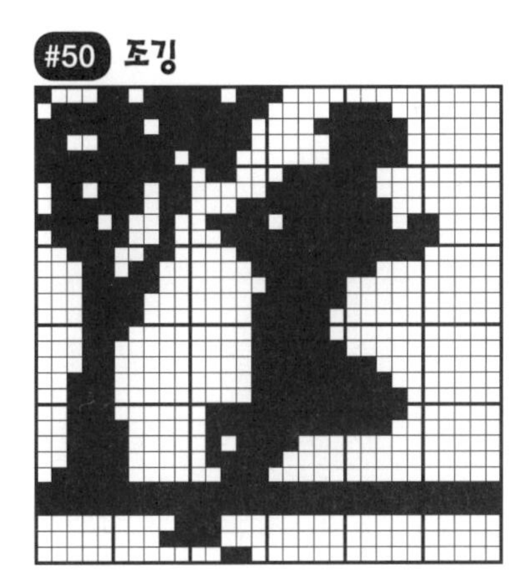

논리퍼즐 투탑
스도쿠X로직아트 초급/중급

저 자 | 브레이니 퍼즐 랩
발행처 | 시간과공간사
발행인 | 최훈일

신고번호 | 제2015-000085호
신고연월일 | 2009년 11월 27일

초판 1쇄 발행 | 2020년 07월 10일
초판 7쇄 발행 | 2025년 02월 13일

주소 | (10594) 경기도 고양시 덕양구 통일로 140 삼송테크노밸리 A351
전화번호 | (02) 325-8144(代)
팩스번호 | (02) 325-8143
이메일 | pyongdan@daum.net

ISBN | 979-11-90818-03-2(14410)
979-11-90818-02-5(세트)